城市公共环境景观与建筑小品

朱望规　著

中国建筑工业出版社

图书在版编目（CIP）数据

城市公共环境景观与建筑小品／朱望规著．－北京：中国建筑工业出版社，2011
ISBN 978-7-112-13630-8

Ⅰ．①城… Ⅱ．①朱… Ⅲ．①城市－景观－环境设计②城市－公共建筑－建设设计 Ⅳ．①TU-856 ②TU242

中国版本图书馆CIP数据核字（2011）第199371号

本书以资料集的形式，用图示的方法向读者介绍了有关城市公共环境景观方方面面的问题。其内容分两大篇：第一篇为城市公共环境景观，主要内容有绿化景观(小树林、冬季树、行道树、孤枝、枯树、草地、盆景、攀缘植物、屋顶绿化等景观塑造），街道、广场上的座具设置及造型，凸窗、阳台、窗台等景观设计，路面与环境，历史性街区及古建筑的魅力，人与禽类的和谐相处及人文景观等。第二篇为建筑小品，主要有售货亭、信息亭、电话亭、公交车站、环境雕塑小品、水景、儿童活动场地、廊和亭、标志、广告、垃圾桶、路障、围墙、饮水设施等。

全书所关注的是人们最容易接触到，或者说，就生活在其中的公共环境及建筑小品，而不是非要到公园里去才能欣赏到的风景，以提升我们的生活环境品质。另外，全书贯穿了生态、节能以及环境景观人性化的理念和低碳生活、绿色办公的思想意识。

本书可供建筑设计、环境景观设计、园林设计、城市设计、城乡规划、美术及城市管理等专业技术人员及相关的大专院校师生阅读、参考。

责任编辑：王玉容
责任校对：张 颖 王雪竹

城市公共环境景观与建筑小品
朱望规 著
*
中国建筑工业出版社出版、发行（北京西郊百万庄）
各地新华书店、建筑书店经销
卓越非凡（北京）图文设计有限公司设计制版
北京中科印刷有限公司印刷
*
开本：880×1230毫米 1/16 印张：22½ 字数：695千字
2012年2月第一版 2012年2月第一次印刷
定价：198.00元
ISBN 978-7-112-13630-8
(21417)

为营造绿色的、生态的、人性化的城市公共环境而努力。

前　言

我为本书起过好几个名字，如《世界城市景观与环境小品》、《欧洲城市环境景观与建筑小品》等。但总感到有那么一点点与我想要表达的“意思”不大贴切，虽然书中的素材几乎都是欧洲的。

昨天，有位朋友到我这里来，带给我一本书《奥运文化与公共艺术》。这是湖北美术出版社出版的。其中拜读了一篇朱尚喜先生撰写的“北京的公共艺术立法试探”之后，立刻与我将要出版的这本书的“意思”联系了起来，尤其“公共”二字，文中说：“……公共环境应该是空间开放，广大市民便于进入、过往和停留的，进行公共交流、休闲、娱乐及从事社会公共关系等活动的室内外环境”。而本书正是想要表达的这种环境中的景观与小品，只不过限定在室外空间罢了，即起名为《城市公共空间室外环境景观与建筑小品》。但书名太长，不大方便，故而将“空间、室外”几个字去掉了，就是现在的《城市公共环境景观与建筑小品》。但想来还是不大够“意思”。后来在文前又专门加了一页“为营造绿色的、生态的、人性化的城市环境而努力”几个字后，感到就是我出这本书的思想了。本书所反映的内容很少有“惊天动地”的大作，也没有博物馆中的名家名作，而是城市公共空间（街道、广场）中的环境景观及小品，甚至包括爱护及管理等方面的内容。它们处于人们的生活之中，是环境不可分割的部分。它们被人们利用，为人们服务，既朴素、自然，不矫揉造作，又是那么赏心悦目，富有创意，具有个性。你经过它的身旁，在不经意之中，会多看它几眼，进一步会驻足观赏，再看，会感觉它放在那儿很合适，耐看，产生联想；过后，会回味而记住它。一句话，它们不仅是艺术品，也是功能小品；或者不仅是功能小品，也是艺术品。由于它们的存在，使得城市公共环境很人性化，很舒适、温馨和具有魅力。所以人们乐于从家中封闭的客厅、起居室走出来；所以，家的客厅、起居室也就不断地向室外公共空间延伸……

过去，我喜欢大城市，喜欢看高楼大厦，喜欢看车水马龙。这些年，城市发展的速度不是在走，而是在跑，在飞。哪一处只要一时不见，就不认得了，到处是摩天大厦，到处是人流车流。现在可以说，喜欢看的，看到了；想住高楼，住上了；但新的矛盾又缠绕着我。

每当我站在路边等公交车的时候，往往车还没来，已经感到七窍被混杂着灰尘的汽车尾气灌满，燥热的空气没地方躲，没地方藏，望望天空，灰蒙蒙的一片，心情就开始惆怅起来：为什么到处盖大楼？为什么道路弄得这么宽？为什么小汽车这么多？树都到哪儿去了？每次一顿牢骚过后，会有一段美好的回忆：

离我上的中学校舍不远，曾有过一片树林。这片树林实际上是一个苗圃，很大，看不到边，望不到头。树种在畦间，密密的，一行行，一排排，有刚种上的，也有生长几年的。树虽不算粗壮，但树叶很茂盛。

树林中间有一条约二三米宽的小路。路两边种着美人蕉，红的像燃烧的火，非常美丽。花间还有石凳，供人休息。在路上极目远眺，可以看到远处高高的土塬和塬上的草亭。

林子非常干净，树下看不见杂草污物，林子也非常安静，很少有人光顾，安静的能听得见鸟叫，偶尔也能看到塬上的草亭中隐约有人影晃动。

我喜欢到这里来，尤其星期日或节假日。天好的时候，到这儿来看书，坐在畦间的土埂上，一坐就是几个小时，一待就是一天。有时累了，站起来仰起头，通过树叶看蓝天，看着看着就感到蓝天宛如大海，白云好似浪花，产生遐想。有时穿过一棵棵的树干和畦埂一直走下去，可以走到塬边。塬边长满了野花、杂草、野酸枣树，如果人想从这儿攀上塬去，那是绝对不可能的。不知谁在这儿种的一些向日葵，又不打理，头小秆细，风一吹摇摇摆摆，有些成熟的，已经东倒西歪。

我还喜欢在树林中间的那条路上散步。路从脚下一直向前延伸。前边是什么？路的尽头在哪里？我会情不自禁地顺着它往前走。转过一道弯，路开始变得向下蜿蜒，两边的地面逐渐升高。塬上的树也逐渐变矮，慢慢消失，感到像是进入了峡谷。然后是一段上坡，爬上坡来，眼前豁然开朗，发现已经来到塬上。

塬上，除了边缘的树木之外，是一片平展展的麦田，路消失在远方的麦田中。春之日，麦长起来，风一吹，麦浪起伏。尤其快到成熟时节，金灿灿的一片，像是铺上绒绒的金色地毯。采下几颗麦穗，用手搓搓，放在嘴里嚼嚼，那种清香，那种滋味是现在城里人难以体会的。

后来，城市发展了。树林改造成了动物园。麦田建起楼房，可爱的树林就这样消失了，麦田没有了。今天，生活在大城市中的人，想要置身于树林、麦田，指望步行，公交车恐怕是很难达到的。

有一天，我在书店里翻书，一本【美】理查德·瑞杰斯特著的《生态城市伯克利：为一个健康的未来建设城市》使我爱不释手，不仅是书名深深地吸引着我，而且封面更具有魅力　　那鲜亮的绿色底子上，衬托着一颗生机勃勃的大树。树上有一个美丽的城市掩映在绿叶丛中，如下图。我看着它，立刻和蓝蓝的天空、清澈的河水、茂密的树林、清新的空气，甚至小径通幽和农家乐联系在一起　　这不就是我心中想要的城市么。

人总是那么奇怪，没有满足的时候。没有时，想得到；得到了，又不满足。可能这就是社会前进的动力吧！

有人提出在设计城市广场时，把它当作居室客厅来处理。我想，城市的所有室外空间都应该看作客厅或起居室的延伸，处处应该干干净净；功能小品，方便好用；装饰小品，耐看耐品。千万不要把室外空间当作贮藏间，什么东西都往那儿乱堆乱放。使得专

为街道设计的小品、饰品也看不出效果，反而感觉添乱。反过来，将其摆放在一个干净、整洁的适当环境中，这些小品、饰品不是精品也会胜似精品。

近年来，我很关注城市环境，尤其对城市街道、广场及人们最容易接触到的，或者说就生活在其中的公共环境及建筑小品情有独钟，并收集了大量的国内外有关资料，主要有：一、绿化景观。这里边包括行道树、孤树、枯枝、古树、草地、盆景、攀缘植物、屋顶绿化及冬季树等景观塑造。二、建筑小品。包括售货亭、信息亭、公交车站、水景、儿童活动场地、廊、亭、标志、广告、垃圾箱、路障、围墙等。另外，还有街道和广场上的座具及造型、凸窗、阳台、窗台等景观设计，路面与环境，历史性街区及古建筑的魅力，人与禽类的和谐相处及人文景观等。特别关注到生态、节能及环境景观人性化等方面的景观创造与设计和低碳生活、绿色办公的思想理念。今天将这些资料整理出版，意思是为提升人们生活环境的品质尽一份力，而不要非得到公园才能欣赏到风景。当然，书上这些例子，不是说个个都是最好的，或者说推荐这么做。只是说，这些都是城市环境景观中处理的一些方式方法。因为，这些资料，我感到很有意义，可供读者参考。由于篇幅有限，所以资料主要展现的是欧洲的，国内的较少。因为就在“自己家中”，一来大家比较熟悉，二来也是很容易见到的。

我经常翻阅这些资料，它们能引起我许多美好的回忆，和对未来的憧憬。我愿把它奉献给与我一样对城市公共环境景观感兴趣的人们。环境的绿化和美化可以跨越语言和文字的局限，让人直接地、具体地感受到清洁、美丽、充满健康和活力的环境带给的那份舒适和快乐。另外，这本书的内容会对建筑设计、城市设计、环境景观设计、园林设计、城乡规划、美术及城市管理等专业人士在工作中有所参考和帮助。书中丰富的资料，尤其对大专院校相关专业的学生做课题设计时，可以开扩眼界，扩大思路，学习、借鉴和参考。

本书资料都是近年拍摄的。内容新而丰富。在整个编撰过程中，先后不断地得到王赞秋、李玉欣、王辰昊、王斐、祝太平、高西生、高晓津、许丽雅、吴农潮、王书艳、王金风、王力军、王丽芳、高露、邹峰、王爱珠、王国桢、游德斌、王国栋、朱文媛、朱文捷、王为民、王蔚、许平兰、孙红、王建新、王凯、李翠花、杨祥然、李中玲、刘仁义、张寿军、王桂梅、王高强、侯晋、忻佩华、侯文杰、贾卫东、丁永蓉、张红英、赵惠芳、李莎、王锦珍、王毅、李秀珍、王海琴、呼玉锋、呼啸、吴宪辉、张成珍、鹿志伟、陈鹏、钱薇、马文兰、陈南、黄国林、鹿璐、蒋仙玲、陈欣瑞、朱和平、贾瑞鹏、赵雅楠、陈娟、严文、吴畏、曾艳、陈旭、杨李科、周鹏、陈林、曲建华、吴建鹏、张卓烨、许东、郭康、刘海朋、吴茄茄、薛华秦、刘伟、杨晨等朋友的帮助，在此表示深深地感谢。尤其要感谢本书编辑王玉容女士，她不仅为本书做了大量的编辑工作，而且提供了许多宝贵的相关资料，使本书内容更加丰富，再次表示深深的感谢。最后还要感谢中国建筑工业出版社为本书出版所作的一切。

由于本人水平有限，不当之处在所难免，敬请批评指正。

朱望规　于哥本哈根

2011.8.8

目 录

第一篇 城市公共环境景观

第二篇　建筑小品

第一篇　城市公共环境景观

一、绿化景观

绿化对于调节和改善城市物理和生态环境起着重要作用。比如：吸收大气中的二氧化碳和有害废气，放出氧，滞留尘埃，净化空气，减声降噪，改善城市热环境，创造适宜的小气候等。绿色也是人们最喜欢的颜色，它象征着生命的活力，所以是创造城市景观的重要元素。利用绿化可以组织空间，美化环境，并为市民开拓户外休憩空间提供有利条件。

（一）小树林

树是一种垂直绿化，与草坪相比，它提高了绿化率和造氧功能等。尤其群栽的树是最受人们欢迎的氧吧。

小树林将绿化功能与宜人的景观环境融为一体，是市民非常喜欢的户外休憩场地。人们在那里活动，乘凉，读书看报，相互交往……享受生活的乐趣。

树林应选用易于种植的地方树种，造价低廉，养护管理方便。可以营造地域文化和富有个性的城市景观。

· 图(a)苏黎世湖边的小树林——葱绿茂密的枝叶为人们创造了一个纳凉、观景的舒适空间。

· 图(b)重庆沙坪坝广场的小树林。

图(a)

图(b)

·图(a)因斯布鲁克市内的一个小树林。树下的地面被茂盛的野草和野花覆盖。座椅散落在野草丛中，阳光穿过树叶照进来，幽静而温馨。人们在这里可以充分享受大自然给予的恩惠。

·图(c)萨尔茨堡市中心的小树林，是市民最喜欢的地方之一。周末或节假日，常有乐队在这里为市民演奏。

·图(b)巴黎香榭丽舍大道旁的树林。树下是“原始”的泥土地，上面自生着稀疏的野草，自然古朴。高大的、边缘经过修剪的树冠直入天穹，雄伟厚实，与周围的古老建筑和古典雕塑所组成的环境氛围很和谐。

·图(a)伦敦某路边树林。

·图(b)斯德哥尔摩市中心的桃树林景观。

图(a)

图(b)

（二）树的行植与列植景观创意

行植或列植的树，除了其绿化功能之外，还为人们提供了一种户外活动和休息的舒适空间。它们丰富的形态、一年四季颜色的变化及其所形成的节奏感和韵律感，为环境带来各种各样的景致，丰富了人们的生活情趣。

· 图(a)行道树经过修剪之后显得更加整齐、美观。截枝后的枝头形成高高突起的瘤疖。瘤疖上长出的翠叶像鲜花朵朵，非常美观，既适于近看，也适于远观。（日内瓦）

· 图(b)不同种类、不同造型的行道树平行种植，丰富了街道景观。（奥尔堡）

·高度及造型相同的行道树，产生一种整齐、统一的美观效果，如图(a)~图(c)。

·图(a)修剪成菱形的行道树。（哥德堡）

·图(b)和图(b1)是经过统一“整容”的行道树。其每个节段都具有很好的景观效果。（奥尔堡）

·图(c)为历史性街区的老树行道树。其老树干的造型在统一的美感之中又有个体的变化，自成一景而引人观赏。（哥德堡）

图(b1)（奥尔堡）

·图(a)在某社区一块满铺沙子的平整活动场地中央，有一个棕榈树形成的绿廊。由于它的导向性，人们喜欢走"廊下"。
树的个头矮矮的、壮壮的，树叶宽大，左右搭联，很有观赏性和趣味性。（巴塞罗那）

·图(b)沿着人行道等距离种植的柏树修剪成圆台形，不仅增加了它的美感和稳健感，而且寓意着一道围墙，将道路与湖边绿化带分隔开来。（日内瓦湖畔一景）

·图(c)这是巴塞罗那国家宫广场一景。柏树在窗间墙列植，挺拔高耸、整齐，增加了建筑的威严感。

（三）冬季树的景观塑造

进入冬季，喧嚣的周围世界开始变得寂静、清冷，树的叶落去，干和枝突显出来，成为造景的主要元素。以下实例通过对干和枝的塑造，为寂静、清冷的环境注入了一种美的情调。

·图(a)树干直立而高耸的造型、疏密有致的排列、满身高高突起的瘤疖，使该树群具有一些古韵和雕塑的美。（奥胡斯）

·图(b)将具有同一造型的景观树，以一个少女铜雕为中心围成一个大圆，构成某住宅区内留给冬季的魅力景观。美化了寂静的环境，围在树下的矮篱加强了这种圆的效果。（奥胡斯）

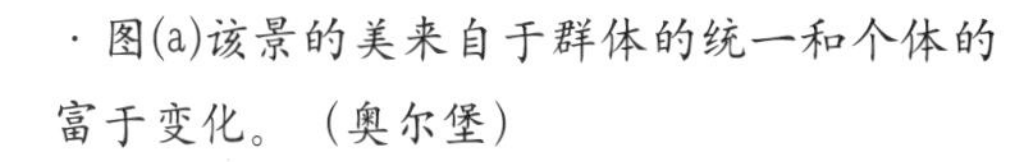

· 图(a)该景的美来自于群体的统一和个体的富于变化。（奥尔堡）

· 图(b)将落叶之后的树冠进行修剪和塑造，为寂静的冬季环境增添了景致，同时也为春来长叶后的造型奠定了基础。（奥尔堡）

· 图(c)奥尔堡的早春一景——围着树下“绣”上一圈蓝色的花边，增加了景观的魅力。

·图(a)斯德哥尔摩某社区广场的冬季景观——树叶落去，干和枝突显出特有的刚柔相济之美，与广场中心生动的雕塑一起构成诗情画意般的环境。

·美丽诱人的景观不能靠着百花簇拥而获得，因为花开是有季节的，美丽不能持久。而用树造景，不同的季节可以产生不同的景观效果，从而获得四季有景。图(b)是在一片平整的草地中央的一棵树，靠着对比与衬托的关系，小中见大，引人注目，成为一景。夏天，树枝被树叶笼罩着，它的外形产生美。冬季，树叶落了，露出它的“内在”美——婀娜妩媚，柔情似水。这时的美，是人们获得的另一种美。（奥尔堡）

（四）孤植景观

人常说："栽树就像育人"，"从小抓起"。根据所处的环境确定种什么样的植物合适，希望长成什么形式；是自然型，还是几何型；是高的，还是矮的；用什么背景作依托等。孤植就是想办法突出个体的美，包括体态、体形、色彩等。如有独到之处，会因与"众"不同而特别突出，成为一景，或成为地方的标志性景观。

· 图(a)此孤植体态优美，色彩独具，四周无物，易于突出——一种原野景观。（奥尔堡）

· 图(b)有好的造型，还要有适合衬托它的环境。这是安徒生故居周围唯一的一棵树——可爱的小房子，可爱的树，如一幅可爱的童画。（欧登塞）

· 图(c)这是桧柏的一种，它从根部开始分枝。然后各枝围着中心向上生长，现在已有10m左右。无风时各枝"亲密无间"，风一吹各枝围着中心左右摆动。体形庞大美观。（奥尔堡某住区）

图(a)

图(b)

图(c)

图(a)

图(a1)

· 图(a)该树体形高大。边缘整齐，外形似钟，与环境形成对比，成为标志性景观。其中图(a)为夏季景观。图（a1）为冬季景观。（奥尔堡）

· 图(b)、图(c)利用规则的几何形体创造出丰富的线条和鲜明的轮廓。（维也纳）

· 图(d)“三叉树”造型景观。也是该处的标志。（奥尔堡）

图(b)

图(c)

图(d)

· 图(a)马尔默一块绿地上的景观树。它体形巨大，形如“泰山”既有“山峰、山峪、又有溪流、瀑布”，景致丰富，十分耐看。

· 图(b)泰国菠萝蜜树。硕大的果实从粗壮的树干上直垂下来，对异国他乡的游客很具吸引力。（帕堤雅）

· 图(c)该树形虽然一般，但给它装潢一下，如修个台，将它“陈列”起来，就成为一个引人注目的景观树了。（科布伦茨）

（五）古树景观

古树是城市中最具魅力的景观之一。它们都是自然的产物和岁月雕琢的艺术品。它们斑驳的躯体、鲜明的纹理和突起的疤痕等元素构成它们的个体特征。这是不可复制、不可创造的宝贵财富，也是景观看点和魅力所在。它还常与历史性建筑一起组成非常和谐和古韵悠长的自然景观。古树本身也是一种历史符号。

图(a)萨尔茨堡

图(b)伦敦

图(c)伦敦

·在对文化的保护中，包括了对古树的保护。欧洲一些城市环境中古树是常见的景观之一，它与历史性街区，历史性建筑共存，组成一个统一、和谐的整体环境，彼此不可分割，是引人注目的亮点。

图(a)伦敦

图(b)马尔默

图(c)马尔默

（六）对树进行造景

从选种开始，应该对植物有一个设想、期望和造型设计。就像设计和塑造一件艺术品一样。对它的一生应该精心呵护，就像呵护一个孩子的成长。应该说，绿化工作和它的维护是一种艺术与技术的创造，是一种美的创造，也是这些能力的体现。

· 图(a)这是上下道之间绿化隔离带上的行道树。为追求整齐美观和某种造型效果，或为避免将美的建筑或环境遮挡，给树砍头或截枝。同时，也增加了树本身的美感。（维也纳）

· 图(b)将树与藤结合造景，创造出独特的景观效果。（萨尔茨堡）

· 图(c)给树截枝并对树身进行处理之后塑造出具有雕塑感的景观。（欧登塞）

图(a)

图(a1)

·图(a)美来自于自然。自然产生美。树枝在剪过的地方长出黑黑的又粗又大的瘤疖。瘤疖各式各样，形态丰富美观，成为自然与人合作默契的艺术品。

（瘤疖部位长出细枝后剪掉，第二年又长出来，再剪掉，重复如此，可以一直保持这种造型，且瘤疖越长越大，越好看。）

（奥尔堡）

·对树形的塑造，首先要有好的设计，才能产生好的造型。而有了好的造型，还要有衬托它的环境。图(b)经过造型处理的树，置于非常突出的位置上，从而引起人们的注意，进一步去观赏它。

（欧登塞）

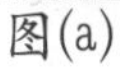

·给树“砍头”或剪枝之后，在“手术”部位长出密集的细枝，改变它的原有形态。通过这种办法给树“整容”，达到造景和美化环境的目的。

图(a)到图(c)为奥尔堡的塑造树形实例。

a	a1
b	b1
c	c1

图(a)

图(a1)

·图(a)将小树的枝一个一个水平绑扎在固定架上，以改变枝的生长方向，创造一种有生命的绿色屏幕式景观。(哥德堡)

·图(b)用树创造一个“门”——原本一棵树，从树根开始分成两颗，并各自相向生长，长到一定高度，又同向生长，创造了一个门的造型。它很生动，并具有标志性。（哥本哈根）

·图(c)返老还童——从一个老树根身上，又长出许多嫩绿的枝条，创造了一种返老还童的景观效果，并置于街旁绿地突出位置，成为一景。（哥本哈根）

·图(a)、图(a1)六棵树在丁字路口围成一个圆。地面铺砌形状也与之呼应。树干和树冠向心倾斜，并树冠相连。靠墙有一体态端庄的妇人正在走路的铜雕（图a2）。这是一个有生活情趣的景观塑造。（欧登塞）

	a
a1	a2
b	

·欧洲一些城市的商业街，很少路边种植行道树。可能怕树冠会遮挡人的视线，影响买卖。即使有树，也让它的“腿”长得长长的，让逛街的人从很远处就能捕捉到自己的目标，或感受到商业的气氛。如图(b)是海德堡商业街的“长腿”行道树。

（七）枯枝造景

枯枝的色彩古朴，风格古拙，气质苍劲，是创造艺术品的可贵品质，或者它本身就是一件艺术品。因此，它是景观中的活跃因素。一颗姿态优美的枯枝置于绿色满园、百花盛开的环境中，犹如“鹤立鸡群”，很容易吸引人的视线或被视线所捕捉。环境中有了枯枝景观，会更加生动和更具魅力。

图(a)（欧登塞）

图(b)（奥尔堡）

·图(b)路边一颗枯死的老树，只剩下了半截树身，有的地方已糊上水泥。但从粗壮的腰围能够想象出它从前魁伟高大的模样。也许因为它是这里历史沧桑的见证，所以人们像爱戴一个资深的“前辈”一样爱戴它。现在它不仅是这里的地标景观，也是一种文化景观。（奥尔堡）

图(c)（伦敦）

图(a)（日内瓦）

图(b)（欧登堡）

· 图(a)～图(d)为利用枯树根和枯树干造景景观。其中图(d)不仅是一组雕塑景观，而且还具有坐的功能，也供儿童攀爬玩耍。

图(c)（日内瓦）

图(d)（欧登塞）

· 图(a)枯枝与绿枝组合造景，会在相互对比、彼此衬托下得到加强。该景的枯枝与绿枝在同一体部，更显生动和有趣味。（哥德堡）

· 图(b)枯树干造景景观。(哥德堡)

· 图(c)利用树根造景。（奥尔堡）

图(a)（奥尔堡）

·图(b)怪异生动的造型——“龙”立起来了。

图(c)（奥尔堡）

·图(a)和图(c)将枯树就地雕刻和艺术加工之后，成为该地区的标志性景观，并具有了文化品位，使枯树重获“新生”。

（八）屋顶绿化景观

城市需要有一定的绿化指标和面积来保证其环境的质量。尤其在开展低碳城市建设、提倡低碳生活和绿色办公的今天，更需要尽可能通过合理规划和布局扩大绿化面积。而城市用地是有限的，尤其国际化的大都市，更是寸土寸金，增加绿化面积就需要牺牲其他用地。而屋顶绿化不但可以增加城市绿化种植面积，而且对于调节和改善环境气候，提高环境质量起着积极的作用。

图(a)（苏黎世）

图(a1)

图(b)（维也纳）

图(c)（日内瓦）

a | b
c
d

·图(a)、图(b)为维也纳某建筑上的屋顶绿化景观。

·图(c)为伦敦某沿街建筑的屋顶绿化。

·图(d)是美国茨某商场屋顶上的景观廊。该廊很长，内有各种盆景、花卉、座凳及垃圾桶，供人休息和活动。

（九）草地景观

草易于种植，生长迅速，能使环境在短期内见绿。草地如茵，郁郁葱葱，视觉效果很好。

草地具有降温、增湿、滞尘等作用。但是草地见绿不见荫，吸附二氧化碳能力较差。另外，草地费水费工，不好管理。水被称为液体黄金，21世纪的石油。乌兹别克人有一句谚语，“水没了，命也就没了”。这是谚语，更是预言、警言，水必须节约着用。不好管理，不仅指草本身生长费工，还因为人为践踏和牧狗等。现在，城市中人工种植的大面积草坪逐渐减少，代之以自生自灭的自然生态草地；或人工种植上之后，让它自然生长。对于不能进入践踏和牧狗的草地，应该具有明显的告示。

（1）人们对草地有种特殊的亲和感，也许是因为它与大地最接近，或者说它就是大地的一部分。人们在草地上或坐，或趴，或躺，或运动，呼吸着新鲜的空气，享受着生活。

· 这是维也纳皇宫后面的一块草地。软绵绵的草地就像绿色的地毯。人们在上面沐浴阳光，就像在家里那样放松。

· 草地的位置应该使人很方便地接触。

· 图(a)是欧登塞步行街后面的一块草地。该草地平展而开阔，是人们工余、课余、假日休闲的好去处。

· 图(b)学校的老师带学生们在草地上上体育课。

· 图(c)幼儿园的老师带着小朋友在草地上打“棒球”。草地是他们最爱去的地方之一，因为草地很安全，儿童碰不着，摔不疼。（奥尔堡）

（2）人是从自然中走出来的，所以人总是热爱自然，希望回归自然。田野上的一块块生机盎然的绿色田地，是那样的安静祥和。这种自然景观令人向往和陶醉。城里人为了随时能感受到这种田园风光，模仿、创造了各种草坪景观。

· 图(a)一块平坦的草地，四周用树围着，以避免外环境的干扰。人们在草地上休闲，感受那份田园似的静谧和美。在欧洲的一些城市中，这是最为常见的景观之一。(伦敦)

· 图(b)自然起伏的地面。处处被青草覆盖。四周环绕的常青树将其与喧嚣的住宅区隔开。平日里除了居民在这儿休闲之外，还有飞禽在这儿嬉戏。（奥尔堡）

· 图(c)一条砂土路从草地间穿过。一切是那样的自然、朴素而温馨。（马尔默步行街后面的一块草地）

·小区的庭园不用建亭台曲廊、小桥流水什么的，用建筑垃圾堆上两个小“山包”，上面盖点土，撒上一些草籽，坡顶种上三五棵树，就是一个非常好的生态环境了。草长出来，绿绿的一片，草丛中央杂着野花，清新的空气中伴着青草特有的芳香。人们坐在阳坡的草地上三五成群地聊天，晒太阳，孩子们在坡前爬上爬下。这种半土半野的生态环境虽是人造，宛自天成，既简单又实惠。环境的美化是为了提升人们的生活品质。人随时与环境亲密接触，才能产生一种环境与人的和谐关系。这种关系的美妙感觉，而非用栏杆将“景”拦起来，“束之高阁”，使人们敬而远之所能体会到的。

·图(a)、图(a1)、图(a2)为奥尔堡某邻街住宅区庭院草地景观。

·图(b)为哥本哈根某邻街住宅区中庭院草地景观。

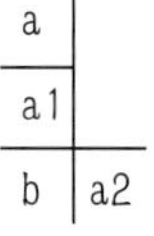

（3）草地需要的是平坦开阔、朴素平和，任何装饰物可能都是多余的。但某些草坪为了增加它的可观赏性，或是观赏性的草坪，其景观就十分丰富了，如：

· 图(a)在平坦宽阔的草坪中间有件雕塑品，草坪景观效果大大增加。（奥尔堡）

· 图(b)、图(c)、图(d)，在草坪上点缀花卉，增强了草坪的观赏性。这种处理多用于观赏性的草坪。

图(b)（萨尔茨堡）

图(d)（曼谷）

图(c)（欧登塞）

（十）盆景与花坛景观

在街道上布置盆景与花坛就像在家中摆放花盆、花瓶及其他饰品一样。由于花卉的色彩鲜艳，品种多样，造型美观，所以常用来装饰、美化环境，或烘托节日气氛，也可以作为标志物等。

· 图(a)、图(b)将种有花的花盆直接置于预先做好的造型支架上，形成丰富多彩的盆景景观。（北京）

· 图(c)为华沙人行道上的盆景。

· 图(d)为海尔辛格堡街道上的盆景。

图(a)

图(b)

图(c)

图(d)

·图(a)装满红花的粗陶盆景用红色木质造型的花架装饰，加强了可观赏性。并将其摆放得疏密有致，成为环境中的一个景观小品。（科隆）

·图(b)将盛满鲜花的盆景分别挂在由金属柱支撑的圆形支架上，形成一个美丽的花环。它是巴斯步行街中心的一个装饰景观，也是这里的一个标志。（巴斯）

·城市街道盆景随季节不同而更换，使任何季节街道都有盆景景观。或从街道盆景的变换，反映着季节的改变。图(c)冬季的柏树枝盆景为冰冻的世界送来活力。图(d)春季的盆景点缀了环境。

图(d)（奥尔堡）

图(c)（奥尔堡）

·图(a)以靓丽的粉红色鲜花为表盘，其圆周种上12簇白色花为点数，并在花蕊装上大小两个表针，构成一个花钟。不仅立意新颖，而且具有钟表功能，成为城市绿地著名的景观之一。（苏黎世）

·图(b)科布伦茨步行街上的两两一组的袋状盆景，组成一道景观，使人感到既那样熟悉，又很新颖。其中一个袋上写着：“2011年是我们的春天”。另一个袋上写着：“自然是一个有创造性的艺术家”

·图(c)这是美因茨希尔顿酒店入口处的绿篱式盆景。它尺寸较大，有种气势，不仅好管理，且常青。

图(d)（美因茨）

·图(a)用鲜红的装饰布将花盆装饰起来，为盆景锦上添花。(美因茨)

图(b)（曼谷）

图(c)（布鲁塞尔）

图(d)（重庆）

（十一）攀缘植物造景景观

藤生长很快，能帮助我们的城市很快变绿，改善生存环境。

藤在它的一生中都需要借助于其他物体生长，或匍匐于地面。如果有支撑物，它会用它的缠绕茎攀缘支撑物生长。如果没有支撑物，它就匍匐于地面。所以藤易于将平面绿化变为立体绿化，扩大绿化面积，改善生态环境。

藤也是组成城市景观的重要元素之一。许多藤能开花。如木香花，花白如雪；金毛草，色黄似锦；用于花架、灯柱、墙面、地面等，使环境富有生气和情趣，装饰性极好。

藤类植物攀缘在物体上，如围墙、栏杆、棚架、亭廊等上面，其藤叶起伏，色彩有深有浅，枝叶有疏有密，有风时随之摆动。大自然所赠予的这份生态的“礼品”、乡土的感觉，再好的金属构件或砌筑体不如它。

藤类景观需要呵护、整理和修剪，使它按照预期的设计和期望生长，始终保持美观的造型。

目前中外种植藤类植物都非常普遍，几乎随处可见，下面举几个欧洲城市中用藤美化环境的实例，为阅读方便，略分类举例如下：

1.为藤支架

（1）独立支架及景观

· 图(a)门廊式造景支架。（哥德堡）

· 图(b)院落影壁墙支架。（奥尔堡）

· 图(c)在草坪上创造垂直景观。（维也纳）

图(a)（欧登塞）

图(b)（奥尔堡）

图(c)（奥尔堡）

· 图(a)～图(c)为各种柱式支架及景观。

· 图(d)墙式支架，设于入口两边，作分隔空间使用。（苏黎世）

· 图(e)造型支架，在草坪上创造垂直景观。（日内瓦）

· 图(f)矩形板式支架——用于绿化和美化环境。（奥尔堡）

· 图(g)矩形板式支架——用于美化和分隔空间。（欧登塞）

（2）靠墙支架

用藤美化墙面是欧洲最常见的景观之一，举例如下：

图(a)（奥尔堡）

图(b)（奥尔堡）

图(c)（萨尔茨堡）

图(d)（奥尔堡）

图(e)（欧登塞）

图(f)（欧登塞）

2.攀缘植物在墙面造景

· 图(a)藤蔓在影壁上“作画”。(奥尔堡)

· 图(b)藤蔓在墙面上造景。（萨尔茨堡）

· 图(c)攀缘植物点缀挡土墙面。（苏黎世）

· 图(d)攀缘植物的红叶使年久褪色的红砖墙面重新红艳而生动起来。（剑桥皇后学院）

· 图(e)攀缘植物在墙面上造景。（美因茨）

·攀缘植物的种类繁多，造景手段也多样，只要用心经营，几乎可以在任何地方"成画"。它夏季着浓妆，像一幅艳丽的水彩画，冬季似淡抹，像一幅清秀的水墨画，冬夏都有很好的景观。

图(a)（巴塞罗那）

·图(b)藤蔓的冬季景观。（奥尔堡）

·图(c)藤蔓的冬季景观。（奥尔堡）

图(d)（爱丁堡）

·图(d1)是图(d)的局部。

·攀缘植物不仅可以美化环境，增加景观；更重要的，它是绿化环境的一个重要手段。它可以遮挡强烈的太阳辐射，如图(e)，有助于建筑及城市的环境保护和节能。

图(a)（马尔默）

图(b)（日内瓦）

图(c)（美因茨）

图(d)（苏黎世）

图(e)（奥尔堡）

·攀缘植物不仅可以美化环境，增加景观；更重要的，它是绿化环境的一个重要手段。它可以遮挡强烈的太阳辐射，如图(e)，有助于建筑及城市的环境保护和节能。

图(a)（马尔默）

图(b)（日内瓦）

图(c)（美因茨）

图(d)（苏黎世）

图(e)（奥尔堡）

·图(a)为巴塞罗那著名的流浪者大街(La Ramba)一山墙面上，由藤组合造型的景观。

图(b)（苏黎世）

图(c)（伦敦）

·将墙面包裹起来的藤蔓，不仅软化了硬质的墙面，同时也软化和改变了环境。

图(a)

图(b)

· 图(a)、图(b),整个建筑被一片自然生态的景色所覆盖，让人感受到了绿色生命的活力、温馨和浪漫。只有攀缘植物才能创造出如此让人感叹的恢宏场景。(伦敦)

3.用攀缘植物装饰入口

· 图(a)用藤蔓将入口隐蔽起来。(奥尔堡)

· 图(b)入口因装饰上藤蔓而突出，并加强了它的标志性。(奥尔堡)

· 图(c)将入口与二层阳台用藤蔓连接起来，组成一个整体。(奥尔堡)

· 图(d)、图(e)用藤蔓装饰店面入口。(欧登塞、哥本哈根)

a	
b	c
d	e

图(a)（萨尔茨堡）

·图(b)左右两个体部用藤蔓连接起来，形成一个通往住宅的“门”。（苏黎世）

·图(c)入口外廊用藤蔓包装起来，洋溢着一种朴素的乡土味道。廊内光线柔和，有种安静和温馨的感觉。在这样的氛围中，喝杯饮料是件愉快的事。（因斯布鲁克）

4.用攀缘植物在街道和庭院中造景

· 图(a)在混凝土围栏上等距离地立了三个高高的混凝土柱，让藤蔓爬满围栏和柱，形成三颗“连体树”。(奥尔堡)

· 图(b)用紫藤装饰围栏。(奥尔堡)

· 图(c)用藤蔓美化小区垃圾站。(奥尔堡)

· 图(d)、图(e)藤的盆景景观。(奥尔堡、欧登塞)

a	
b	c
d	e

图(a)（巴塞罗那）

图(b)（苏黎世）

· 图(a)、图(b)用攀缘植物造檐遮阳。其出檐约有1m以上。

· 图(c)是面对商场群的一个绿化+水体的组合造景——在线状镜面水体的背后，设立了一个波浪形的景壁。其壁面用攀缘植物覆盖成一片翠绿。在起伏的“波浪”中，壁面有影有阳，藤叶有深有浅。尤其在阳光下，其颜色在统一的大调子中，又有丰富的变化。有风时，藤叶摇曳，水体闪动，景观效果极好。（伦敦）

· 图(a)用藤蔓装饰街灯。（维也纳）

· 图(b)柱式行道树景观。（奥尔堡）

· 图(c)用攀缘植物做行道树之间的花坛。（马尔默）

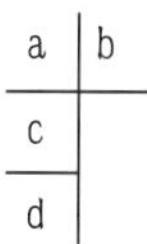

· 图(a)用藤蔓装饰起来的蘑菇状行道树。（奥尔堡）

· 图(b)藤缠树——秋季，树叶落了，藤还是绿的；早春，树叶还没绿，藤早早又绿了。浓叶与“干枝”搭配，景色做到互补。（马尔默）

· 图(c)这是巴塞罗那某街道凹进一角的景观设计——让五彩缤纷的攀缘植物从墙脚上方垂下来，与一个体态美观的铜质人体雕塑对应，组成一道具有诗情画意的街道景观。

· 图(d)为巴斯某沿街住宅的攀缘植物造景景观。

5.用攀缘植物掩盖裸露的地面和组织交通

· 图(a) 将庭院中裸露的土坡用攀缘植物掩盖成一片绿色。（奥尔堡图书馆）

· 图(b)用藤蔓覆盖树池。（奥尔堡）

· 图(c)人行道旁用藤蔓铺地代替草坪。（奥尔堡）

· 图(d)用藤蔓限定停车场空间。（奥尔堡）

· 图 (e) 藤蔓像一块绿色的花边台布罩在窗下“台面”上，与韵律感强的白色窗饰搭配得和谐、雅致。（奥尔堡）

6.用攀缘植物绿化廊和亭

·以廊或亭为藤架让其攀缘是一种常见的景观。它的优点很多。比如：它可以使廊（亭）内空间冬暖夏凉，有助于人的活动；一年四季有不同的景致变换，给人一种常见常新的感觉；增加绿化面积等，受到人们的喜爱。除了在“廊、亭”一节中介绍的实例之外，下面再介绍几例：

·图(a)北京某住宅区通过式廊。

·图(b)为奥尔堡某绿地中的廊。从图中可以看出不同类型的藤蔓沿着砖柱攀缘的景观。图(b1)为该廊的正面。

·图(c)奥尔堡的某自行车棚。

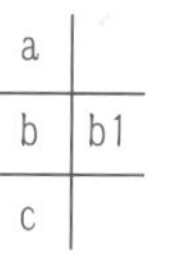

图(a)

·图(a)为奥尔堡某住区绿地的一角——用藤蔓覆盖的“草亭”沿着绿地的边缘布置。藤蔓覆盖的方式不同，亭的造型也不一样，有开放式的、穿过式的、窝棚式的等。远远望去，绿绿的、野野的，一派田园景象。

每个亭中均置有座椅，供人休息。

图(a1)

（十二）绿化景观的维护

·树木、藤蔓与其他绿化景观一样，都需要经常修剪与维护，才会有美观的造型，或者美观的造型才能保持长久。

·图(a)为园艺工作者正在为树“整容”。（美因茨）

·图(b)为园林绿化工人正在按设计修剪藤蔓的造型。（维也纳）

·图(c)、图(d)，对于幼树给予加固，以防大风袭击。

图(a)

图(b)

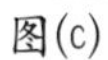

图(c)

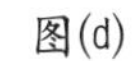

图(d)

二、 街道、广场上的座具设置及造型

（一）街道上的座具设置及休闲景观

街道作为公共空间，不仅应方便通行，也应为市民交流、交往、休闲提供场所，同时给人以强烈的生活气息和美的享受。而道旁的座椅不仅为市民增添了生活气息，而且有利于市民交往和与街道对话。老年人坐在椅子上晒晒太阳，聊天，看街景，行人走累了可以方便地坐坐，饿了，渴了也能很方便地解决。街道应该处处干干净净，设施、饰物和颜色不用太多，也不必刻意去打扮和追求奢华，一切简单、朴素、适宜、温馨，有种家的感觉。

街道上的噪声也应该加以控制，如汽笛声、叫卖声、机械噪声等。另外，汽车不能随便占用人行道及广场空间。总之，一切以人为本，将街道创造成一个舒适、美好的公共环境，使人们随时随地地享受生活。

· 在街道上布置些座椅，为邻里交往创造了条件。

图(a)（巴塞罗那）

图(b)（苏黎世）

· 道旁休闲景观

图(a)（维也纳）

图(b)（哥德堡）

· 图(a)、图(b)，人是大自然的一个组成部分，所以人离不开自然。人需要经常置身于大自然的怀抱之中，享受阳光，感受季节和空气。沿道边设置的长长座椅为人们搭建了一个享受自然的平台，吸引人们从封闭的空间中走出来。

图(a)（巴塞罗那）

图(b)（巴塞罗那）

·图(c)约克某街道上的座椅布置与造型。

·将巷口的建筑后退形成一个┘└形(图a)，或┘└形(图b)的开敞空间，既扩大了视野，有利于通行安全，又创造了一个交往和休闲场地。

·图(a)在安安静静的环境之中，有阳光中的树、地上的影、漂亮的房子和坐在椅子上看书的人——一个很有魅力的休闲景观。巷口中间又设置了一个标志性的雕塑，使这一空间更加完整，即┘·└。同时，雕塑也可兼作车挡——禁止汽车通行或减速。

·顺着道边的长长座椅，人们可以随时坐下来。

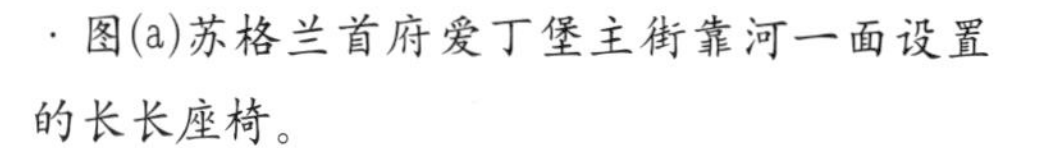

·图(a)苏格兰首府爱丁堡主街靠河一面设置的长长座椅。

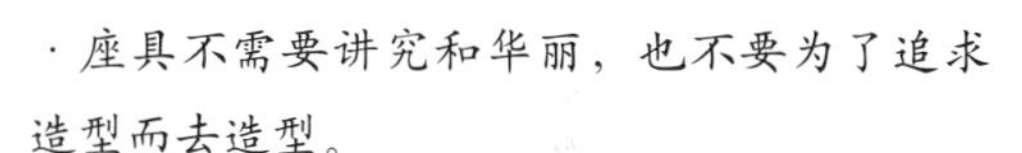

·座具不需要讲究和华丽，也不要为了追求造型而去造型。

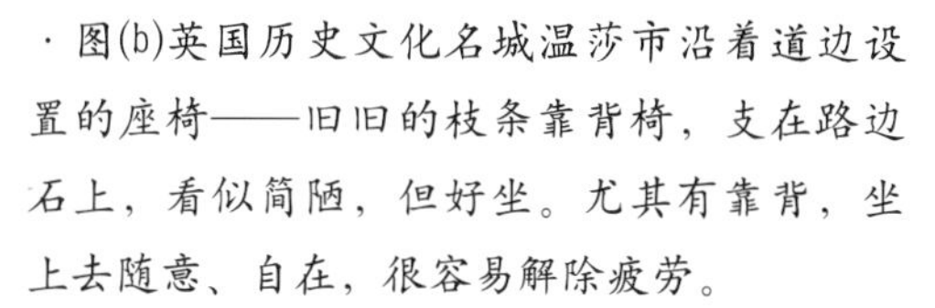

·图(b)英国历史文化名城温莎市沿着道边设置的座椅——旧旧的枝条靠背椅，支在路边石上，看似简陋，但好坐。尤其有靠背，坐上去随意、自在，很容易解除疲劳。

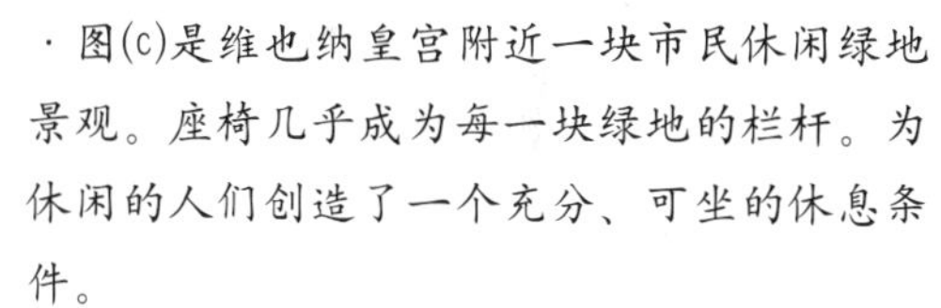

·图(c)是维也纳皇宫附近一块市民休闲绿地景观。座椅几乎成为每一块绿地的栏杆。为休闲的人们创造了一个充分、可坐的休息条件。

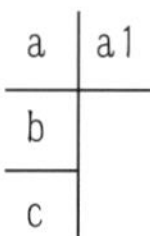

·道旁休闲景观

·图(a)苏黎世班霍夫大街——世界金融中心，也是世界名牌最集中的地方之一。

·图(b)顺着人行道设置了上下两排长长的座凳，上面一排还可以作为下面一排的靠背。(法兰克福)

·图(c)是法兰克福某街道上围着灯柱设置的座凳，为行人休息提供了条件。

· 图(a)┌┐形的混凝土框里架上块木板⊟，成为市民在道旁休闲的“沙发”。（奥尔堡）

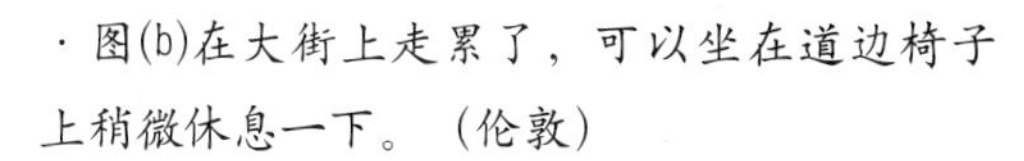

· 图(b)在大街上走累了，可以坐在道边椅子上稍微休息一下。（伦敦）

· 图(c)法兰克福某街道上市民悠闲地坐在靠背椅上，一面休息、一面看景。

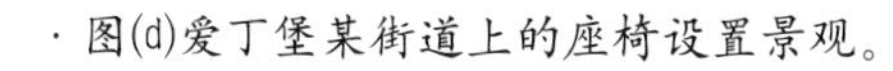

· 图(d)爱丁堡某街道上的座椅设置景观。

· 图(e)哥德堡某街道座椅设置景观。

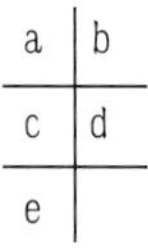

（二）广场上的座具设置及休闲景观

广场无论大小，一般都是为市民和游人提供集中活动和休息的地方。它应该是一个很人性化的开放空间，市民可以很方便地进入和停留，进行交往、聊天和休闲。所以广场应该尽可能地提供可坐可倚的设施。因为人们一直走动是很累的，即使很精彩的广场，也解决不了人们身体的疲劳。人们常喜欢把城市广场比作家中的客厅、起居室。那么客厅，起居室中家具最多的是座椅、沙发、板凳。广场也是一样。应该有些可坐、可倚、可靠的设施，以供人使用。

·图(a)斯德哥尔摩某临街广场一角。座具呈五边形，可以任选方向就坐。中间高起的柱体既增加了座具的美观，又是靠背。

·图(b)奥胡斯河边的一个广场。该广场上，除了露天酒吧的桌椅之外，面向水体还设置了适合人坐的台阶及各种形状、大小及距离不等的混凝土墩供人使用。图为酒吧在营业，市民三五成群地坐着晒太阳、聊天的场景。

图 (a)

图 (a1)

·图(a)将长板固定在混凝土制的靠背一面，靠背的另一面做些相应的装饰。正(图a)、反(图a1) 两面搭配放置，既简单朴素，又有设计。(斯德哥尔摩)

·图(b)巴黎德方斯广场一角——人们坐在造型生动的座凳上与广场交流，与飞禽对话，营造了一种十分休闲放松的氛围。

·图(c)巴塞罗那某广场一角——花坛（图左）将机动车道与人行道分开。大理石的条形长凳将人行道与广场连接起来。

· 在广场周围布置座椅，其中心或是雕塑，或是水景，是欧洲一些城市中常见的处理手法，如图(a)～图(d)。

· 图(a)为美因茨某道旁的一个圆形广场——广场中心用向外发散的白色圆弧形花样曲线铺地，突出广场中心。广场周边布置了一圈靠背椅，供人休息。

· 图(b)是围着中央水景布置了一排排靠背椅。排与排之间采用锯齿形布置，如图。这样可以就坐更多的人。（美因茨）

· 图(c)科隆步行街一角——围着柱式石雕设置了一圈混凝土墩供人休息。石柱和墩是一组和谐的景观小品。柱下有一圈黄色的环形地灯，很有装饰效果。

· 图(d)环形座凳几乎占据了小广场的整个空间。（奥尔堡）

图(a)

图(b)

图(c)

图(d)

· 图(a)哥本哈根市政广场座椅错落地布置。图为市民休闲景观。

· 图(b)哥德堡某广场座具设置及人们休闲景观。

· 图(c)横在道边小广场上的一个曲线雕塑小品，既是座具（或供人依靠）又装饰了环境。（哥德堡）

· 图(d)广场上的硬质塑料彩色圈凳。（欧登塞）

a
b
c d

·广场无论大小和性质，提供休息座椅或可坐的设施是很必要的。并应尽可能考虑不同的人群使用，如独坐、对坐、并排坐和群坐等。

·图(a)伦敦某商业街附近广场的座具设置。

·图(b)奥尔堡海边的一个广场的座具设置——各种圆形的石座散落其间。其中部分座具采用中空的圆面，并留有进口，以方便人们进入面对面坐，利于交流。

·图(c)爱丁堡议会大厦广场上的座具——混凝土墩，以便于人们等候时休息。

·为广场提供可坐的设施形式很多，造型也十分丰富。其中与广场上的雕塑结合设置，也是常用的方法之一，如图(a)～图(c)。

·图(a)一个长和宽各约6、7m，高40cm左右的台，既是一组雕塑的基座，四周又适合人们休息。（哥本哈根）

·图(b)广场中心设置了一个阶梯式的平台，阶梯采用适于人坐的尺寸，为人创造可休息的条件。而它也是广场上的一个雕塑性的饰物。（爱丁堡）

·图(c)人造石的两个同心圆，中间用静水相隔。它既是广场上的一个装饰品，外圆面又是供人休息的座具。（哥本哈根）

a	
b	
c	c1

（三）座具的设置及造型

座具是城市环境景观中最重要的功能小品之一。座具不在于造型，而在于坐的功能，在于需要的时候，它就在眼前。欧洲城市的一些街道拐角处，人行道上、广场上都能看到一些可坐可依的座具。

1.独立座具

这里指不与其他物体结合而具有可坐、可依、可靠功能的座具，见以下实例：

图(a)（奥尔堡）

图(b)（欧登塞）

·街道拐角处设置座椅。

图(c)（奥尔堡）

图(d)（欧登塞）

·人行道上每适当距离设置座椅。

·图(e)（左）、图(f)（右）为奥尔堡某草地中沙发造型的座具。

·图(a)科布伦茨某人行道上的包厢式座具。整个包厢是透明的，三面设有靠背椅。

·图(b)在人行道上放一条石，旁边再放一垃圾箱，暗示这是“正规”的休息地了。(哥德堡)

·图(c)高迪风格的座具。(奥尔堡)

·图(d)伦敦某街道上的古典式座具。

·图(e)法兰克福某街道绿地中心的座具设置——它垂直于街道，顺着绿地坡势一字铺开。街道行人使用方便，又融于自然中。

·图(a)将原木切去1/4之后，成为一个具有靠背功能的座具。（马尔默）

·图(b)石鼓座具——具有民族文化的座具形式。（北京）

·图(c)道边石座。（马尔默）

·图(d)可以满足几种不同坐姿的座具。（哥德堡）

·图(e)利用树根部塑造成的座椅。（马尔默）

·图(f)高迪作品。（巴塞罗那）

2.与树池结合的座凳

·与树池结合的座具，夏季树下有荫凉，冬季又可坐着晒太阳，所以较受欢迎，形式也十分丰富，如图(a)～图(f)。

图(a)（重庆）

图(b)（巴塞罗那）

图(c)（法兰克福）

图(d)（法兰克福）

图(e)（爱丁堡）

图(f)（科布伦茨）

3.与其他物体结合的座具

座具除了独立设置之外，也有通过与其他物体结合，为人们创造或稍有隐蔽，或具有某种情调的休闲环境。还可以取巧于其他设施或借助于其他物体的帮助，使它具有可依、可坐或可靠的功能，以缓解人体的疲劳。

· 图(a)借助于外墙为靠背的座椅。（奥尔堡）

· 图(b)将座椅嵌入绿篱中，创造了一个安静和隐蔽的小空间。（欧登塞）

· 图(c)奥尔堡市政府入口，在其室外踏步平台外墙的下面，上下平行地钉了两块木板条。下板平放为凳；上板贴墙为靠背，供行人休息。

图(d)

· 图(d)结合盆景设置的座凳。（欧登塞）

图(d1)

·图(a)在砌好的造型靠背两边分别固定上板条，即成为一个座凳。它简单而能坐能靠，并体现出具有设计。

·图(b)与灯柱结合的座具。（法兰克福）

·图(c)结合雕塑设计的座凳。（奥尔堡）

·图(d)靠着外墙的座凳。凳上雕塑了一对老人在晒太阳。（奥尔堡）

·图(a)在周围玻璃幕墙的怀抱中，垂直造型的玻璃雕塑与三个水平座凳组合成一组均衡、美观的建筑小品。凳面材料与玻璃雕塑互应。另外，雕塑的基座又与座凳结合设计，为人们提供了更多的可坐条件(图b)。

该小品的造型用材与整个环境很协调，成为环境组成的一部分。（伦敦）

a	
b	c
d	

·图(c)与路口水景结合设置的座具。（马尔默）

·图(d)将板条固定在楔形墙面上。其楔形墙为靠背，板条为凳。凳与凳之间另有石座相间。墙上装有壁灯照明——一个与建筑整体设计同时考虑的座具，一个用心的设计。（哥德堡）

· 图(a)这是路边的一个很有魅力的雕塑，一个方便路人休息的座具，一个与环境既有对比，又很和谐的公共艺术品。（哥德堡）

· 图(b)广场和路边上与灯柱结合的座具，可坐可靠。（哥德堡）

图(b1)

三、上下道之间与快慢道之间的隔离带景观

上下道之间与快慢道之间建立隔离带，不仅避免了汽车之间的干扰，还可以利用隔离带补充和增加市民交往、游憩的活动空间，创造自然、生动、活泼的景观环境；或利用隔离带增加生态、绿化面积，创造园林式景观，丰富城市风貌等。

· 图(a)～图(c)是巴塞罗那阿拉贡大街上下道之间的隔离带景观。其上满铺草皮，可供人们在上休息。另外，还设有雕塑，丰富景观。

· 图(b)在隔离带的分段处，集中设置了一些座椅，邻里们坐在椅子上读书、看报、聊天，像在自己家的厅里一样。

· 图(c)清洁工人正在用吸尘器清扫分段处的地面。

·图(a)为巴塞罗那“流浪者”大街。它位于上下车道之间。街上有各种售货亭（出售一些旅游小商品）、快餐亭、电话亭、信息亭。另外，还有一些艺人进行行为艺术表演等，内容丰富，是该城市有名的旅游景点之一。图(a1)、图(a2)为艺人在表演。

·图(b)在快、慢车道之间用造型漂亮的乔木做行道树，美丽的盆景点缀其间。这是北京中轴路景观。（北京）

·图(a)～图(d)，北京的阳光大道——健康之路。该路位于上下道之间，中间路段宽约35m，平平展展，阳光灿烂。人们在这里活动、锻炼。青少年跑步，玩球，滑旱冰，老年人做操，打拳，玩空竹，腿脚不方便的坐在轮椅上放风筝，晒太阳……路上人来人往，生机勃勃，所以这里叫它阳光大道——健康之路。人们累了，中间路的两边是宽约25m的林荫路。路上有可坐的树池、路沿石，随处可以休息。这里有非常干净的卫生间和分类垃圾箱供人使用。也有不少人抽点时间专程从“钢筋混凝土构筑的树林”中到这儿来散步，来感受这宽敞的环境。路的左边有民族园美丽的建筑剪影，右边是亚奥场馆一个个宏伟的轮廓，一直向前走下去，就是著名的鸟巢、水立方了。所以，这条路人们也称它为景观大道。

·图(a)一大早就在阳光大道上锻炼的人们。

·图(b)阳光大道两边的林荫路景观。

·图(c)阳光大道路边景观——瞭望民族园。

·图(d)阳光大道上的盆景。

· 图(a)休闲、观景场地一瞥。

· 图(a)～图(e)法兰克福步行街一瞥。该步行漂亮而舒适。它不仅有着各种商店、名店及造型很美的标志性建筑，在步行街左右两边的人行道中间还伴随有一条供人休闲、观景的空间。在这里布置了各种供人休息的座具、食品售货亭、露天咖啡座、雕塑、自行车存放处及存放架等，甚至路面也是精心设计的。这里是一个适合购物、休闲、观景的诱人环境。

· 图(b)休闲、观景场地中的雕塑及其后面的自行车存放处。

· 图(c)自行车存放架。

· 图(d)步行街道边的座具设置。

· 图(e)步行街中间的露天咖啡座。

四、凸窗、阳台、窗台景观

凸窗、阳台和窗台是连接和沟通室内外空间的平台。它除了观景、通风、纳凉、晒衣、养花等之外，还为美化室内外环境和点缀街景起到良好的作用，同时在某种程度上也是反映城市文明程度的一个窗口。

（一）凸窗景观

凸窗不仅扩大了室内采光面积，同时丰富了建筑立面。凸窗本身也是创造建筑美的一个因素。在欧洲，一些城市的老建筑上常有凸窗。它们的造型、色彩都很美，是建筑设计的一个亮点，也是街道景观的一个亮点，有很好的装饰效果，对我们今天的建筑设计也具有很好的参考价值。现在的封闭式阳台，可以说是从凸窗发展而来的，只不过随着社会的发展和时代的需求进行了异化而已。

图(a)（苏黎世）

图(b)（苏黎世）

图(c)（苏黎世）

·苏黎世老城区保护十分完好。老建筑上普遍带有凸窗。其造型各式各样，非常丰富，成为街道上的重要景观。

图(a)（苏黎世）

图(b)（苏黎世）

图(c)（苏黎世）

图(d)（哥本哈根）

·图(a)美因茨某商住楼联排凸窗景观。

·图(b)爱丁堡某住宅楼的凸窗景观。

·图(c)奥尔堡某街道的停车库。它由呈L形的两个体部组成。两体部错半层，可供12层停车（地下有1层，地上5层）。建筑立面用凸窗点缀，打破了单调感。

·图(a)该凸窗只一面外凸，横截面呈三角形。用这种方法调整了窗户的朝向，不仅造型新颖，而且增加了室内的进光量。（奥尔堡）

·图(b)每层“凸窗”中间是一个全玻门。该门可以上翻，通风换气；也可以平开，让更多的阳光和紫外线直接进入室内。窗外装有保护栏杆。（奥尔堡）

·图(c)凸窗式造型的楼梯间。（维也纳）

·图(d)墙面上的凸窗似镜面一般，反射着蓝天白云和周围的景色，远看像一幅幅贴在墙上的画面。（马尔默）

· 图(a)城铁出入口利用凸窗争取更大的通透性和采光面，同时也加强了它的标志性。（法兰克福）

· 图(b)观景电梯——流动的凸窗。以凸窗式的造型，凸显在建筑体部之外。可以畅想它就是一个凸窗，一个可以上下移动的凸窗。（海德堡）

· 图(c)利用凸窗做商店的橱窗。（海德堡）

· 图(d)利用凸窗改变房间的朝向，从而改善室内的光环境和热环境。（华沙）

图(a)（巴黎）

（二）窗台和阳台景观

窗台和阳台是房间最应精心装饰的地方之一。其上除了可以摆放鲜花和植物之外，还可以摆放一些雕塑和陶艺。那些饰物不仅可以体现主人的生活富有朝气，同时也为其带来舒心和美的享受。在欧洲，人们大都将这些饰物的正面朝向室外，看来希望能与他人分享。这样，不仅美化了居室环境，也美化了室外环境，进一步美化了街道和城市，成为人们走街串巷、闲庭信步所关注的一道城市风景。

图(b)（伦敦）

图(c)（巴黎）

· 图(a)～图(c)窗台和阳台上的鲜花非常耀眼，非常美。耀眼和美不只是鲜花的艳丽，它还显示了一种文明和文化。

·图(a)阳台上的人物雕塑非常生活化，不是驻足细看，一定会以为那是主人站在阳台上观景。(巴塞罗那)

图(a)

·图(b)巴塞罗那某沿街住宅阳台上的饰物。

·图(a1)为图(a)的局部。

·图(a2)为图(a)的局部。

· 图(a)某商店的沿街立面采用精美造型的阳台和在阳台上布置鲜花对墙面进行装饰，从而也突出了入口。（萨尔茨堡）

· 图(a1)是图(a)放大后的局部。

· 图(b)萨尔茨堡某住宅阳台的绿化景观。

图(c)

图(d)

· 图(c)、图(d)在窗下墙面或窗台设置条形花池（种植槽），为美化环境创造了条件。（奥尔堡、爱丁堡）

· 阳台造型及色彩对建筑立面乃至城市环境有着重要影响。

· 图(a)科布伦茨某宾馆阳台造型——整齐、统一，颜色鲜明，引人注意。其中有外阳台和栏杆贴墙的“内阳台”（门可开启）。

· 图(b)三角形阳台。（因斯布鲁克）

· 图(c)科布伦茨某别墅式造型的酒店。其阳台形式丰富，不仅套形因此多样，而且立面也因此富有变化。

· 图(d)、图(e)为两种不同造型的圆弧形阳台。（马尔默）

a	
b	d
c	e

· 图(a)阳台的造型，色彩的搭配与坡屋面、墙面及底商雨篷等的互相呼应，组成一个和谐的整体。（美因茨）

· 图(c)阳台上的美人雕。（约克）

· 图(b)阳台与室内空间融为一体(图上)。阳台窗变门。阳台栏杆与外墙面平，对下层窗户不产生光线遮挡。天热时，将门打开，利于通风。天凉时，将门打开，会有更多的阳光和紫外线进来，人们可以在房间里晒太阳和享受日光浴。坐在家中就可以方便地与广场、街道对话。这种“阳台”形式可使人们在享受自然、利用自然的同时，节约能源。在少阳多雨的欧洲，非常多见。（哥本哈根）

· 图(d)阳台窗变门。（奥尔堡）

五、路面与环境

路面是环境最重要的组成因素之一，是不可分割的统一体。所以路面除了满足功能要求之外，其形式、风格、材料、色彩等应该与周围环境在整体上保持和谐一致，见以下实例。

· 图(a)～图(c)为小石块路面。这种路面在欧洲非常普遍，几乎举目可见。它们不仅坚固、耐磨，而且体现了一种传统文化。

欧洲普遍重视对城市的历史文化保护。除了保护建筑之外，还保护构成历史风貌的各个因素，包括路面。因为路面不仅是不可或缺的历史见证的一部分，而且更能体现环境的历史真实性和完整性。

那些路面的小石块被岁月磨去了棱角。它们陈旧的颜色，苍老的面容，不再平整的路面，看上去与周围的建筑同龄。它们彼此依托，相得益彰，但那一条条清晰的石缝看不到垃圾和污物。路面如有哪个石块“不行了”，就进行个别替换，很少见到把整个地都掀了“改头换面”的。

图(a)（奥尔堡）

· 图(b)向心铺砌的小石块路面。（斯德哥尔摩）

· 图(c)海边波浪纹路面。（奥尔堡）

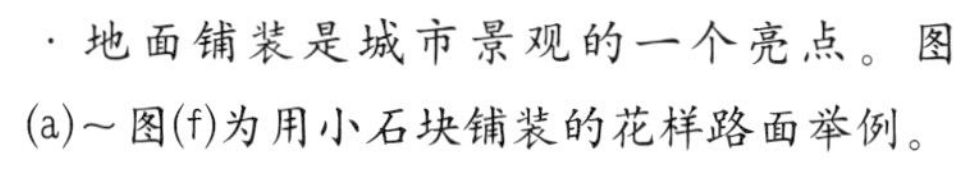

· 地面铺装是城市景观的一个亮点。图(a)～图(f)为用小石块铺装的花样路面举例。

· 图(a)广场地面——花瓣形的花饰。(萨尔茨堡)

· 图(b)下水道口的地面花饰处理。(美因茨)

· 图(c)广场地面——花饰具有向心性。(因斯布鲁克)

· 图(d)邻街建筑入口需要强调的地面花饰。(美因茨)

· 图(e)和图(f)为街道地面上的花饰。（美因茨)

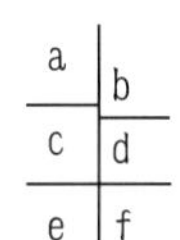

· 图(a)为巴黎圣托斯教堂前广场。圆弧形的广场，围绕广场是一圈圈的圆弧形阶梯，广场地面铺砌成一圈圈与阶梯颜色一样的圆弧形花饰。远看这些阶梯、地面浑然一体，很有向心感，向着同一个圆心，向着圣托斯教堂。

· 图(b)是巴黎德方斯广场的地面。这里用现代地砖精心地组合成十分华丽的图案，浪漫而富有气势，与广场四周的现代建筑一起显示了时代和力量。

·图(a)为奥斯陆雕塑公园入口处景观，也是该公园序列景点的开始，所以它的位置显得非常重要。该景观是由挪威著名雕塑家维尔兰的一组人体雕塑为载体的水景和地面铺装共同组成的——层层落水笼罩着雕塑，成为主景。地面铺装纹样围绕着它。地面采用圆与直线结合的古典式纹样，左右对称，构图严谨，与主景景观元素的形制相呼应，并进一步起到衬托主景的作用，使整个景观比较完美。

·图(b)方形广场地面采用大方格与其结点的圆形花饰组合，使直中有曲，相互搭配，提升了地面的可视性，加强了广场的景观效果。（法兰克福）

·图(c)为沙地路面。由于沙地是疏松的，具有塑性，柔软，有种保护作用，透水、透气性也好，所以常用于活动场地，如散步路、儿童活动场地、社区健身场地等。沙地是生态、环保型地面，保持和维护都较方便，这些在欧洲一些城市中普遍使用。（巴塞罗那）

六、历史性街区及古建筑的魅力

不同的历史时期产生不同的建筑形式，而这些建筑形式都会呈现出独特的艺术魅力及其特有的审美价值。新建筑是很有魅力的。但就“新”字而言，它是发展的、是无止境的、是相对的。而人们对历史性街区及古建筑有更多的青睐，是因为它们是人类唯一的、不可再生的文化遗产。它们承载着人类的历史，反映社会曾经有过的文明。人们甚至在举手投足之间便可触摸到那斑驳的岁月和丰厚的文化气息。

而且它们还顺应了人们的怀旧情感，引起联想和向往对传统的回归情怀，再加上古建筑和历史性建筑又经过了千百年来日、月、星、辰，春、夏、秋、冬，风风雨雨的“雕琢”，已经成为一种宝贵的艺术品。它们耐看、耐读、耐品，所以是城市中最有魅力的景点，是城市的财富。城市也因有了它而生辉。

· 图(a)萨尔茨堡城堡一景。

· 图(b)温莎城堡。

· 图(a)瑞典皇宫入口。（斯德哥尔摩）

· 图(b)巴塞罗那圣家族大教堂入口。

· 图(c)伦敦塔桥。

· 图(a)雨天，古朴而漂亮的建筑像蒙上了一层薄薄的纱。这时，你漫步在街道上，会被一种莫名的惆怅和神秘感笼罩，使你更愿意去看，更愿意去想。

· 图(b)因斯布鲁克老城一瞥。

· 图(c)巴塞罗那老城区一景。

七、人与禽类的和谐相处

地球是人、动物、植物共同的家园，家中少了哪一个成员都会因打破了生态的平衡而难以维持。我们应该创造一个鱼儿在池中自由嬉戏，鸟儿在游人的肩膀上歇息，松鼠、孔雀从人们的手中夺食的和谐环境。我们的城市不仅是市民生活的场所，同时也是禽类的家园。

·(a)生机盎然的广场。（巴塞罗那）

·(c)爱护飞禽从小做起。（华沙）

·(b)鸽子在与人嬉戏。（巴斯）

图(a)（巴塞罗那）

图(a1)

·为方便牵狗的市民自己活动和场地卫生，场地有专门用木栅栏围合的拴狗的地方。图(a)为人、飞禽、狗各得其所的场景。图(a1)为图(a)的局部——拴狗的地方。（巴塞罗那）

·图(b)居民院中的鸟舍。（奥尔堡）

· 爱护动物、飞禽是人类的美德。生态平衡才能使我们的家——地球永久。在欧洲的一些城市中，鸟舍在居民院中、绿地上，尤其向阳墙面上随处可见，造型也各式各样，惹人喜爱。鸟舍对鸟儿来说是理想的地方，它们可以在鸟舍里保暖、养育宝宝、受人喂养，建立一个温暖的家，还可以躲避天敌，又不受风吹雨打。出于爱心和喜欢，鸟舍一般由自己设计“建造”，自由市场和超市也有现成的卖，下面是些可爱的实例。

· 图(a)奥斯陆某道边绿地上的飞禽家园。

· 图(b)设于窗下的鸟舍。（奥尔堡）

· 图(c)居民院中的鸟舍。（因斯布鲁克）

· 图(d)居民院中的鸟舍。（奥尔堡）

· 图(e)居民院中的鸟舍。（奥尔堡）

· 图(f)居民院中的鸟舍。（奥尔堡）

· 在一些公共场地，人与飞禽好像有约定俗成的一些食物投放处。市民很习惯地将剩余食品送往那里，飞禽“需者自用”。

· 图(a)和图(b)分别为奥尔堡居民墙上和院中的鸟舍。

· 图(c)孩子们在投放面包。（奥尔堡）

· 图(d)老人将剩余食物送给野鸭。(奥尔堡)

· 图(e)居民在投放剩余食物。（奥尔堡）

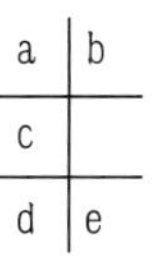

八、露天咖啡座与酒吧

城市不仅宜商还应当宜居。城市的街道应该是一个便民、利民、亲民的城市空间。过去，常常会看到大人、小孩在家门口的道边端着碗坐在小板凳上，边吃边看。人喜欢户外活动，喜欢与自然接触，这是人的天性，人就是从自然中来的。现代社会发展了，生活条件改变了，平房变成了楼房，院落变成了小区，上面的风景不大看见了。

现代人开始用全新的方式和理念诠释现代的生活。在欧洲，阳光明媚的日子里，街道上，举手投足之间，便可看到、触到咖啡屋或酒吧的一排排的餐桌椅，人们一面品食、一面交往、一面看街景。我国城市也开始有了这种街道风景。人们追求轻松、愉快的生活方式，留恋传统的习俗。这也是现在城市的一种人性化和“家乡情”的具体体现。

那各种各样的坐凳、各种各样的桌椅及摆放形式，各种各样的雨篷、遮阳伞，再加上坐在桌旁的各种各样的人，组成了一道美丽的城市风景。

图(a)（法兰克福）

·图(b)露天咖啡座摆放在标高不同的室外平台上。各平台用台阶联系。而且台阶的方向不同，使得平台错落有致。结果，各咖啡座虽在一个屋檐下，但又互不干扰。（科布伦茨）

图(a)（哥德堡）

图(b)（科隆）

· 图(d)泰国帕堤雅酒吧一条街。这里是西方客人聚集的世界。

图(c)（重庆）

九、城市观光车——流动的风景

出现在城市中色彩鲜亮、造型特别的敞篷汽车、“不合时宜”的人力车、甚至马车，让人眼前一亮。这是现代多元化时代出现的多元化的城市观光车。它们载着游客穿梭在大街小巷，帮着游客浏览城市风貌或捕捉景点。它们各有各的优势，各有各的情调。尤其马车和人力车不仅具有地方色彩，而且更能迎合人们怀旧的情感，和对昔日那种轻松、快乐、浪漫生活的追忆。

各种观光车那炫目的色彩、新颖的造型与城市环境形成对比，而引人注目，再加上坐在车中的各种各样的游客，引起看与被看者的上下互动，成为城市中一道流动的风景。

· 图(a)美因茨的火车式观光车。

· 图(b)维也纳的火车式观光车。

· 图(c)伦敦上层可开敞的双层观光车。

· 图(d)为法兰克福的双层观光车（上层开敞）。

· 图(e)为斯德哥尔摩的双层观光车（上层可开敞）。

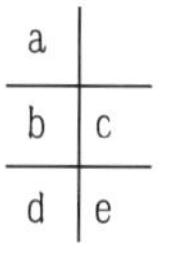

· 图(a)巴塞罗那大型双层观光车。

· 图(b)维也纳的单层全开敞型观光车。

· 图(d)科布伦茨小型动力观光车。

· 图(c)为色彩与造型完全不同的组合观光车（后部为无玻璃的半开敞式）。（苏黎世）

·图(a)这是萨尔茨堡的观光马车。坐在这种马车上有种回娘家的情调。旁边看的人也会有种暖暖的感觉。

·图(b)维也纳观光马车。

·图(c)科布伦茨小型动力观光车。司机正在招揽生意。

·图(d)巴塞罗那人力观光车。

·图(e)小型动力观光车。(科布伦茨)

a	
b	c
d	e

十、街道、广场上的厕所景观

街道、广场上厕所的有无是市民出行最关心的事情之一，也是街道不可或缺的重要设施之一。每个国家或地区都有自己的厕所文化。也就是说，它承载着它们的文化特征，同时又是随同它们的发展而发展，进步而变化的。厕所也是城市的一个窗口，它的造型、色彩、卫生、干净及方便与否不仅影响到城市景观，也会影响人们对整个城市的印象。下面一些实例是欧洲某些城市中有明显特征的厕所设置及造型景观。其中，有些厕所利用城市广告柱的柱内空间，使该广告柱具有了另一种功能。这种形式的厕所在欧洲较多见。它们立于道边或广场，位置明显，造型美观，利于寻找。

·图(a)斯德哥尔摩某路边广场上男女及残疾人均可用的投币厕所。

·图(b)斯德哥尔摩皇宫外男士厕所。

·图(c)奥尔堡群众性活动（如狂欢节）使用的组装式厕所（中间为男士露天小便斗）。这是经常使用的非常时期的“非常设施”。

·图(d)苏黎世某路旁厕所。

·图(e)哥本哈根某广场上的男士厕所。

· 图(a)哥德堡某路边投币厕所。

· 图(b)马尔默某路边投币厕所。

· 图(c)哥本哈根某路边投币厕所。

· 图(d)伦敦某路边投币厕所。

· 图(a)为科布伦茨某主路旁厕所。它们对面是一广场。该厕所外围整个用杏红色木板条装饰起来，并设有亭子般的红色标志，十分醒目。

· 图(b)为科布伦茨一个主路旁厕所。它利用路旁——坡道下的空间，并与信息亭组合，造型美观、新颖。

· 图(c)为约克某路交会处的亭——残疾人用厕所。该厕所与电话亭结合。亭内空间为厕所，其外空间为电话亭。电话装在两面外墙上。

· 图(c1)厕所的门上有残疾人标志。

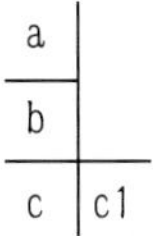

十一、人文景观

人文景观一般指具有地区文化、民族文化特点的一些人的活动景观。人文景观是城市环境景观非常重要的景观之一。城市环境中有了人，才有了活力，有了人的活动，才具有蓬勃的朝气。例如：

（1）街头巷尾的娱乐及文化活动景观

职工、退休人群、老年人自发地在街头巷尾进行一些娱乐、健身活动，或学生利用周末、节假日在街道表演，或团体、机构公开举办一些文化活动等，不仅丰富了文化生活，活跃了城市气氛，而且有利于身心健康。同时，这些群众性的活动增加了人与人之间的接触和交往机会，也体现了社会的和谐，市民生活的多样化、舒适化和人性化。

· 欧洲一些城市中有许多民间自组乐队。这些乐队常于周末在街道或露天酒吧等处为市民表演，自拉自唱。听众时有与他们齐声合唱、上下互动，气氛十分活跃，是欧洲一些城市常见的景观之一。

· 图(a)奥尔堡某校学生乐队周末在街头表演。

· 图(b)奥尔堡铁路退休职工乐队在为市民演奏。

· 图(c)萨尔茨堡的音乐爱好者一大早就开始在街头演奏了。

·为活跃城市气氛，丰富市民生活，欧洲一些城市的政府活动部（Event Department）也常以各种名义（如球赛、节假日等）组织音乐团体或外请乐队在广场搭台演出，市民自由观看，如：

·图(a)为哥本哈根市民在市政广场观看演出。并有大屏幕投影，以照顾远距离观者。

·图(b)为奥尔堡市民在市政广场观看演出，台上台下互动的场景。挪威、瑞典的近邻城市民间乐队也参与表演，气氛热烈，如图(b1)。

·图(c)美因茨市民围站在演出台前观看演出。场地边缘有吧台，出售酒水，供需要者享用。

a	
b	b1
c	

·全民健身的体育运动一向是市民最关心和热衷参与的活动之一，也是活跃城市生活的景观之一。

·图(a)为哥德堡的半程马拉松赛。它牵动着全城市民的心。这天，人们几乎一齐涌上街头。长跑者在车道上跑，观看者和助跑者挤满了人行道。助跑者中有敲锣打鼓的，有原地跳舞的，政府还从外边请来了乐队在路边助兴（图a1）。这一时刻，好像整个城市沸腾了。

·图（a2）为在上下道之间隔带上等着长跑者从这儿经过的人们。

图(a)

图(a1)

图(a2)

图(b)

图(c)

·图(b)、图(c)用地砖铺砌一个棋盘为下棋爱好者提供了方便。（萨尔茨堡、苏黎世）

·图(a)周末和假日，用隔离网顺着道边的平整场地拉几个足球场。壮年、青年、少年、儿童各占一方，自组自乐。这种开放的场地市民进出、参与、观看都很方便。（奥尔堡）

图(b)

图(c)

·为了市民可以随时健身，中国许多城市在大街小巷的适当位置及居民区中设置了一些健身器械，使市民很方便地随时享用。图(b)、图(c)为北京某街人行道旁的健身活动场地，附近居民正在健身的场景。场地中也为下棋爱好者准备有桌凳，桌上有棋盘。图(d)为他们一边玩牌，一边晒太阳。

图(d)

图(a)

·学生是城市中最年轻的人群。他们经常在广场公开举办各种活动，如毕业典礼，学生音乐节等。为社会注入希望和活力，是城市中常见的景观之一。

·图(a)为奥尔堡市小学毕业生正在市政广场举行毕业仪式。这天，毕业生们穿着校服，打着校旗，奏着军乐，跳着舞蹈，从各自学校出发到达广场。仪式很简单，时间也不长（1小时左右）。仪式完毕后，各校按规定路线在市内大街上边走边表演，如图(b)。最后到达儿童游乐场结束，各校校车在那里等候。

·图(c)行进在街道上的某校毕业生军乐队。

·图(d)、图(e)为奥尔堡和挪威一些小学在奥尔堡市政广场举行小学生音乐节。会后各校按规定路线在街道上表演的情景。

图(b)

图(c)

·图(d)音乐节后行进在大街上的奥尔堡某小学校乐队。

·图(e)音乐节后行进在大街上的挪威某小学校乐队。

·图(a)以行为艺术谋生的街头艺人。（巴塞罗那）

·图(b)穿着苏格兰民族盛装的街头艺人。（爱丁堡）

·街头艺人在城市广场或街道上演唱，用他们的所能谋生，是西方城市常见的景观。他们的存在，使城市景观更加多元化。

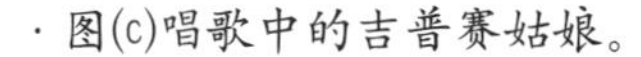

·图(c)唱歌中的吉普赛姑娘。

·图(d)为巴斯修道院广场上的街头歌手吉普赛姑娘在入情地演唱。她那一曲曲悠扬婉转的歌声带着周围罗马浴场和巴斯修道院等美丽的名胜古迹的旋律，带着旅游者的思绪飘扬。飘过蜿蜒的小路，飘过古老的村庄，飘过原野、森林、牧场……歌声能激发人们对空间的感受和发挥出无限的想象力。而这种感受和想象力反过来会进一步加深对建筑场所的体验。许多人被眼前的景和情陶醉了。这是一处让人留恋和怀念的城市景观。

（2）皇家卫队换岗景观

皇家卫队换岗仪式是属于西方城市历史文化遗产范畴。《马丘比丘宪章》指出："城市的个性与特征取决于城市的体形结构和社会特征。因此，不仅要保存和维护好城市的历史遗址和古迹，而且还要继承一般的文化传统"[①]。皇家卫队换岗仪式在特定的、具有纪念意义的环境中，向人们生动地再现了历史，再现了因时光流逝而失去的记忆，对现代人来说是一件有意义的事情。

换岗仪式每天大都在中午的11：30～1：00之间进行，历时一般40～90分钟。这是一个非常适宜的时间，一般旅游者和市民都可以很轻松地到达现场观看表演，成为轰动全城的一大景观。

·图(a)～图(d)，英国皇家卫队换岗。

图(a)

图(b)

图(c)

图(d)

① 《城市规划概论》P97，2006年，陈锦富，中国建筑工业出版社。

· 图(a)丹麦御林军换岗。

· 图(a1)前去皇宫换岗的丹麦御林军。

· 图(b)和图(b1)瑞典御林军换岗。

· 图(c)旅游者在温莎城堡观看皇家卫队换岗仪式。

· 图(c1)温莎城堡皇家卫队换岗。

a	a1
b	b1
c	c1

（3）狂欢节——城市景观一瞥

狂欢节是西方民族文化的传统节日之一，也是一个人人可以参与的群众活动。下面简单介绍丹麦奥尔堡的一次狂欢节活动。

每年5月的最后一个周末是奥尔堡的狂欢节——北欧规模最大的狂欢节。这天，几乎倾城的市民早早地站在事先围好的绳栏外，形成一堵厚厚的人墙。中午12点整，狂欢队伍开始表演。队伍一个方阵一个方阵地从规定线路上走过。每个方阵前有人举着牌子，上面写明国家、城市或地区，很像奥运会的入场式，后面跟着穿得花花绿绿、化妆奇特、怪诞甚至另类的“主力队、乐队和后勤”。音乐吹打得震耳欲聋，主力队边走边舞，动作都是在基本舞蹈动作的基础上现场发挥，即兴创造，自由自在，无拘无束，完全自我。后勤拉着小车跟在后面。小车上装满了饮料（主要是啤酒）。他们表演得尽情尽兴，感染得观众也无比兴奋，情不自禁地跟着音乐原地摇摆，队内队外互相不断地高呼着：“I Love you”，甚至于近处拥抱，远处飞吻，给小朋友扔糖、送小玩具。场内场外，交融互动，成为一片欢乐的海洋。队伍沿着规定路线最后在火车站旁的公园内“落户”。

公园内早已搭好了临时戏台和露天的一排排观众座席，供晚上演出使用。园内还有各队安营扎寨搭建的帐篷和临时售货亭。晚上，公园内灯火通明。一个队一个队地登台表演，直到深夜。街道上，各种餐饮店全都营业，到处可以看到没有卸妆的男女队员，甚至通宵达旦。

狂欢节，重在狂欢，重在人人可以参与——如果你愿意，可以随时走到队伍中去。随着社会的高速运转，人们的工作、生活节奏越来越快。人们需要寻求快乐，寻求新奇，甚至寻求一种刺激来消除紧张的情绪，消除烦恼，在轻松的氛围中缓解身心的疲劳。从这点来说，狂欢节是一个有意义的节日。

奥尔堡的狂欢节从场地准备到城市完全恢复平静大约得3～5天的时间，是城市中的一大人文景观。

· 图(a)狂欢队员。

· 图(b)狂欢队员。

· 图(c)狂欢队员。

· 图(d)狂欢队员。

· 图(e)狂欢队员与本书作者亲切交谈。

· 图(f)饮料随行。

· 图(g)狂欢队员。

十二、自助性服务景观

街道上的自助性服务设施及其行为景观显示着社会的有序、和谐和文明。社会在进步，人的思想意识、理念、行为和自我约束能力等也会向更高层次的文明迈进，社会也会更加有序、和谐。自助行为会更多地成为一种社会服务模式。如哥本哈根、奥尔堡等市的一些超市部分购物自助交费（即自己在收款机上扫货码，自己刷卡）模式，以及前面介绍的自助交费、自助购买车票等设施，下面也是一些多见于街道上的自助性服务设施，是城市街道的景观因素。

·图(a)自行车自助借用站。（巴塞罗那）

·图(b)路边停车场自助交费设施。（巴塞罗那）

·图(c)存车及自助交费充电设施——将面板上的盖转动一下，然后插入插销即可充电（面板上有图示表明使用方法）。

图(a)

图(b)

图(c)

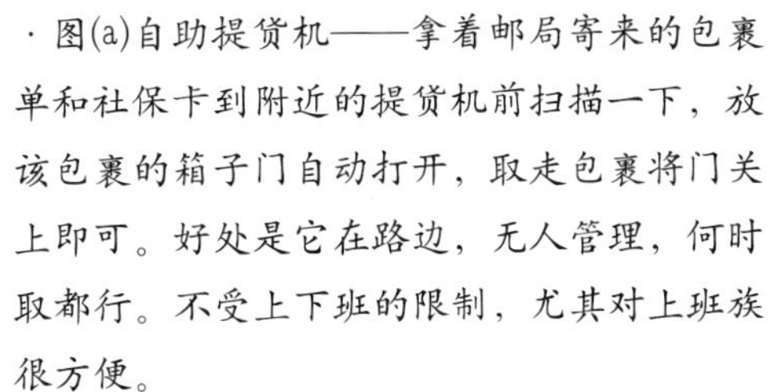
· 图(a)自助提货机——拿着邮局寄来的包裹单和社保卡到附近的提货机前扫描一下，放该包裹的箱子门自动打开，取走包裹将门关上即可。好处是它在路边，无人管理，何时取都行。不受上下班的限制，尤其对上班族很方便。

· 图(b)路边打气泵——提倡低碳排放，鼓励骑车出行。（斯德哥尔摩）

· 欧洲一些城市中常可以见到在路边，尤其城郊有新鲜蔬菜或物品放在购物车上出售，现场无人管理。如图(c)出售新鲜蔬菜——将要出售的蔬菜包好装袋，价格贴在袋上。车把上挂有放钱的塑料袋，自助购买。（巴斯）

· 图(d)出售木材——车内左边是一袋袋要出售的木材。右边是放钱的小木盒。价格写在车的广告牌上。（奥尔堡）

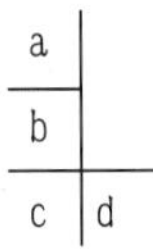

第二篇　建筑小品

一、售货亭、信息亭、电话亭

随着社会的发展和进步，现代人的工作效率越来越高，生活节奏越来越快。随之在城市中一些建筑小品如售货亭、信息亭、电话亭等应运而生。这些小品除了具有本身的功能性之外，还由于它具有独特的个性、美丽的色彩和造型，点缀和美化着环境。

（一）售货亭

售货亭一般出售饮料、方便食品及快餐盒饭等，也有出售小商品、旅游纪念品及报刊的，主要为行人和旅游者提供方便，如：

图(a)（美因茨）

图(c)（美因茨）

图(b)（日内瓦）

·图(d)法兰克福流动售货车。

图(a)（哥本哈根）

图(b)（哥本哈根）

图(c)（维也纳）

图(a)（法兰克福）

图(b)（法兰克福）

图(c)（海辛格）

图(a)（科隆）

图(b)（科隆）

图(c)（维也纳）

· 图(a)正在营业中的售货亭。（巴塞罗那）

图(b)（奥尔堡）

· 图(a1)为图(a)关闭时的景观。

图(c)（巴塞罗那海滨）

图(d)（巴塞罗那海滨）

· 图(a)冷饮加快餐，中午饭时，人们正在排队选购。（哥德堡）

图(d)（巴塞罗那）

图(b)（奥斯陆）

图(e)（马尔默）

图(c)（法兰克福）

图(a)（爱丁堡）

图(d)（巴黎）

图(b)（哥德堡）

图(e)（巴黎）

图(c)（哥德堡）

图(f)（法兰克福）

· 图(a)、图(c)为斯德哥尔摩两个造型漂亮的售货亭。

· 图(b)实际上是一个货架，货密密麻麻摆在四面架上，人站在亭外迎客售货，亭内空间充分利用。该售货亭不仅设计得精巧，而且造型美观。目前正在营业中。（伦敦）

· 图(b1)为图(b)关闭时的造型。

· 图(d)法兰克福活动售货亭。

a	b
c	b1
d	

·图(a)维也纳美泉宫广场售票亭。该售票亭建在一个曲线优美的底座上，墙面用镂空字母的金属板和经过造型处理的攀缘植物作装饰，在环境中很突出。

·图(b)北京早点供应。

·图(c)北京报刊亭。

·图(d)巴塞罗那街道上的充值亭。

图(a) (哥本哈根)

图(b) (斯德哥尔摩)

图(c) (海德堡)

· 图(d)流动售货车。 (萨尔茨堡)

· 图(e)流动售货车。 (伦敦)

（二）信息亭

信息亭一般为旅客等提供一些与该城市、地区有关的信息咨询服务，也发放一些有关的城市交通图、景点资料介绍及本地区、本城市的其他相关资料介绍等。信息亭一般有专人服务，也有通过电脑自助查询的。它通常设置在飞机场、火车站、街道人流集中的地方及广场、景点等处。

·图(a)巴塞罗那“流浪者”大街上的信息亭。

·图(b)与招贴柱结合的信息亭。(维也纳)

·图(b1)为图(b)的正面。(维也纳)

·图(c)因斯布鲁克某广场信息亭，其另面装有电脑。(广场目前整修)

· 图(a)巴塞罗那某广场信息亭。

· 图(d)伦敦某街道信息亭。

· 图(e)维也纳某街信息亭。

· 图(b)苏黎世班霍夫大街有偿信息服务设施夜景。

· 图(c)爱丁堡中央火车站广场信息厅。

· 图(a)该信息“亭”的正面是一电脑，自助服务。（因斯布鲁克）

· 图(b)约克综合服务机（前有电脑，后有电话）。

· 图(c)海德堡中央火车站广场信息亭。

· 图(d)英国老式信箱——在英国常常可以看到这种色彩鲜明、结实凝重的老式信箱。它会让你感到亲切。因为它是这个国家的历史和文化的组成部分。它能触发你的记忆和怀旧情感。（伦敦）

· 图(e)奥斯陆某信息亭。

（三）电话亭

社会这部大机器在高速运转的今天，通信方式已出现了多元化。尤其手机和电脑的问世开辟了通信的新纪元。通信非常方便。但是，电话亭作为一种城市公共设施，依然是一种通信方式的补充而不可缺少，对于某些人或某个特殊的时候，电话亭又是非常必要的。

图(a)（巴塞罗那）

· 图(a1)为图(a)的背面。

· 图(b)该电话亭两用。亭中央是残疾人用厕所，电话放置在外墙上。（约克）

· 图(c)两用亭，前面是电话亭，后面是综合服务亭（取款、交费、购票等）。（约克）

图(a)（苏黎世）

图(b)（阿姆斯特丹）

·图(c)苏黎世班霍夫大街上的电话亭夜景。

·图(a)爱丁堡街道上的电话亭。刚下过雨，天空还没有完全放晴。周围一片灰色。而一组组的红色电话亭依然是那么鲜艳醒目，点缀着街道，活跃着气氛。

图(b)（伦敦）

·图(c)不同区的电话亭有不同的色彩。（伦敦）

·图(a)电话亭、旁边的邮箱及自行车停靠架三者用相同的风格和色彩组成一个系列，成为城市一组景观小品。（卢森堡）

图(b)（日内瓦）

图(c)（海辛格）

图(d)（因斯布鲁克）

图(e)（海辛格）

·图(a)～图(c)为维也纳的一些电话亭。它是以一个电话亭为一个单元，单元与单元之间可以根据不同情况和需要任意组合。组合的形式不同，综合的景观效果也不一样。如图(a)显得生动活泼。图(b)顶部形成的曲线，像大雁展翅等等。

·图(a)两个电话亭互成90°放置。

·图(b)两个电话亭背靠背放置。

·图(c)两个电话亭并排放置。

图(e)（美因茨）

图(d)（法兰克福）

二、公交车站候车室（亭）

公交车站是为出行市民方便乘车而设立的，起着组织分配、集散人流等作用。所以它是城市中最重要的公共设施之一。同时，它的实用、美观及标志性在城市环境景观中同样起着非常重要的作用。

公交车站包括的内容很多，比如：站牌、候车亭（或候车廊、候车室）、座凳、垃圾箱、所在位置图、市内交通图等。而对每个公交车站来讲，以上这些内容不一定都有，但其中站牌是唯一不能缺少的。有时，一个站牌加一个垃圾箱就是一个公交车站了。

欧洲的一些城市，有的公交车站还有自动售票机、显示屏、告示牌（显示或告示各路汽车到站和离站时间），有的站上还放有自需自取的广告箱或广告架等。

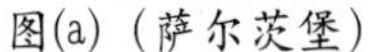
图(a)（萨尔茨堡）

· 图(a)让两棵大树从候车廊的顶部穿过，用这种方法留住了大树。而树廊不仅遮阳降温，而且创造了很有生气的候车环境。（萨尔茨堡）

图(b)（奥尔堡）

图(b1)

· 图(b)公交车站候车亭采用贝壳式的造型，简洁、朴素、新颖，在绿色的环境之中很突出。（奥尔堡）

· 图(a)候车室与“树廊”相结合，组成适宜的候车环境。（奥尔堡）

· 图(b)该公交车站分三部分组成。中间部分是有玻璃的候车室，以供避风雨。两头是只有顶的开放空间。其造型和用色与环境形成了强烈对比，是街道上一个耀眼的风景。（苏黎世）

图(b)

图(b1)

· 图(c)顶为折线形的公交车站候车室。（科布伦茨）

· 图(d)候车室内仅在中间设一支柱，顶盖在支柱处有了凹进的变化，造型因此活泼多了。（马尔默）

图(a)（奥胡斯）

·图(a)该候车亭靠着它简洁漂亮的折线造型、具有特点的颜色和高高的尺度，使远近的人很容易注意到它。（奥胡斯）

图(b)

图(b1)

·图(b)候车室内设有高、低座。高个人如不愿坐低座，依靠在高座上也是很适宜的。高高耸立的公交车标志牌，为人们寻找目标提供了方便。（奥斯陆）

·图(c)该候车室为六边形，五边用玻璃封闭，一边开敞，适于避风雨。候车室的檐、柱及座椅色彩与附近街道的路障色彩相互呼应，成为一组美观醒目的街道景观小品。（卢森堡）

图(c)

·图(a)、图(b)分别为伦敦和爱丁堡的公交车站的候车室。那里的候车室一般敞开面向着人行道，即乘客背对汽车路而坐，似乎给乘客观察带来不便。但因那里雨多，可以有效防止汽车进站带起地上的积水飞溅到人身上，而且也有效地减小了风雨对人的影响。

·图(c)、图(d)汽车来的方向用透明玻璃，以便候车乘客观看。玻璃上的装饰向人提示“这是玻璃”，小心碰上。其中图(d)开敞面中间部分用玻璃封闭，更有利于挡风遮雨。

图(a)（伦敦）

图(b)（爱丁堡）

图(c)（奥尔堡）

图(d)（马尔默）

·图(a)这是美因茨一个公交车站的候车亭，采用优美的弓形。顶板的用色及图案在统一中又有变化。该候车亭引人注目。

·图(b)候车室呈八角形，六个面用玻璃围合，两个面开敞，内设一圈座具和一个垃圾桶。室内空间宽敞、适意。图为两个八角形候车室高低错落布置，是广场中漂亮、醒目的建筑小品。（海德堡）

·图(a)海德堡的八角形候车室。

·图(b)科布伦茨一个公交车站候车亭。其顶盖形如大雁舒展的翅膀。

·图(c)候车亭的顶部采用连续的圆拱，产生一种曲线的韵律美。（科布伦茨）

·图(d)该公交车站借助沿街建筑的外墙面作候车室的后背，造型小巧灵秀，在光秃秃的墙面上，它也是一个不错的装饰。（美因茨）

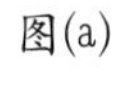

图(a)

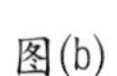

图(b)

图(c)

图(d)

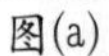
图(a)

·图(a)～图(c)为上下道之间的共用公交车站，不仅方便了乘客换乘，而且一个车站多项服务，减少了车站数，节约了设施。

·图(a)候车亭的顶板曲线与道路曲线弯曲一致。不仅其曲线光滑优美，且总体景观也显得和谐、美观。（苏黎世）

图(b)

图(b1)

·图(b)这是一个顶板采用胶囊形的开敞式候车亭，中间是一个为乘客服务的食品零售店。围着食品店的外墙布置了一圈候车座椅（墙为靠背），为乘客提供较多的座位候车。（苏黎世）

·图(c)为美因茨上下车道之间共用的公交车站。中间用玻璃分隔。

图(c)

图(a)（美因茨）

·图(a)为美因茨一个上下道共用的公交车站候车亭。其顶部形如蝴蝶展翅。

以下是欧洲一些不同造型的公交车站候车室实例，各有特色，但基本都是三面用玻璃围合，一面开敞（既有一个空间领域感，也利于避风挡雨），利用顶板进行高低、曲折的变化，形成自己的风格。

·图(b)顶板采用圆弧形，中间开一“老虎窗”，其造型美观得多。

·图(c)顶板上挑，并开“天窗”轻巧、秀气。

·图(d)该候车室支柱在中间，顶板一半悬挑在外，进深较一般候车室大而宽敞(约1.8m)，三面透明玻璃，顶板遮阳透光。亭内空间显得明朗而舒畅。

图(b)（维也纳）

图(c)（萨尔茨堡）

图(d)（萨尔茨堡）

图(a)

·图(a)半圆桶形的透明顶盖架在灰色的框架上，很自然地融合在灰色的环境中，造型高挑秀雅，美观而不张扬。（日内瓦）

·图(b)为华沙公交车站候车室的造型景观。色彩与环境对比鲜明、醒目。

·图(c)两个候车亭接排设置（中间有玻璃相隔）形成一个廊式候车亭。（日内瓦）

·图(d)一个站牌、各车到站的时刻表及一个垃圾桶，就是一个公交车站了。（日内瓦）

图(b)

图(b1)

图(d)

图(c)

三、地下出入口

这里主要介绍地铁站、地下人行道、街道上的地下停车场及主要为老、弱、病、残和儿童服务的直梯等出入口形式。

地下设施出入口一般设置于人行道、步行街及广场等人流较集中的地段上。因此，出口不能成为人们的视线障碍；出入口在造型和色彩上应该遵守对立统一原则，不能给街道环境添乱；出入口周围应有足够的人流缓冲空间，以方便人们上下和路上其他人的通行。另外，还应有明显的标记，便于行人在很远处就能识别和找到目标等。

以下实例多为开敞的，直梯一般是拔地而起的玻璃盒子。它们本身开敞、通透、简洁、大方，容易与周围环境协调。它们旁边高高竖起的标志牌或高高耸立的直梯成为识别和寻找目标的标记。

图(a)

图(a1)

图(b)

· 图(a)把地铁出入口当作雕塑作品来塑造。其形式又与功能紧密结合，成为街道上的景观小品。它地处道路交叉口，形似一个自然的洞穴，吸引人的目光。（法兰克福）

· 图(b)出入口上方一个硕大的顶盖用两个柱子支撑着，四面开敞，视线无阻。深色的顶盖是由曲面与平面组合而成的，与周围环境形成对比，十分突出。出入口四周靠着栏杆布置了一圈座凳，供人休息。（斯德哥尔摩）

·图(a)用玻璃作栏板的开敞式出入口，旁边高高竖立的显明标志从远处就可以看到。（巴塞罗那）

·图(b)用金属作栏杆的开敞式出入口。（斯德哥尔摩）

·图(a)为因斯布鲁克罗德帕克缆车站议会站出入口外观。因斯布鲁克是一个约20万人的历史文化名城，处处显现着诱人的古典魅力。该车站出入口一改城市的古典风格，以非常现代的设计手法、先进的技术、设施和人性化的理念，展现出强烈的时代气息。这里有着昔日的光辉。而通过这一小小的窗口，也触摸到了现代文明的脉搏。

·图(a1)为图(a)出入口内景——直梯、自动梯及爬梯等。

·图(b)该出入口的结构外露，简洁大方，顶上醒目的地铁商城标志和招牌也是一个漂亮的装饰。（日内瓦）

·地铁站或地下通道出入口的直梯，一般是为残疾人、老年人、儿童或负重人服务的。设于自动梯或爬梯旁边。其单独设置的在欧洲也非常多见。以下是一些直梯的设置及不同造型。

·图(a)爬梯旁边高高耸立的直梯。（维也纳）

·图(b)设在公交车站旁的直梯。（奥尔堡）

图(d)（巴塞罗那）

图(e)（巴塞罗那）

·图(c)人行道上独立设置的直梯。（巴塞罗那）

· 图(a)维也纳地铁音乐厅站出入口的爬梯与直梯。该出入口与维也纳音乐厅票务中心结合设置。

· 图(b)法兰克福某一地铁站直梯的造型。

· 图(c)为伦敦某娱乐商城一地下出入口造型。

· 图(d)为维也纳一个地下停车场步行出入口，玻璃体不仅醒目，且不阻挡外部景观。

· 图(e)维也纳一个地铁站出入口。

图(a)

图(b)

图(c)

图(d)

图(e)

四、环境雕塑小品

雕塑是艺术品，置于环境中的雕塑艺术品相对于环境来说是环境雕塑小品，环境中有了雕塑小品不仅景观显得更加丰富和生动，而且使环境景观有了文化品位。雕塑与环境的关系十分密切。美的环境会衬托得雕塑更有魅力和观赏性。反过来，同样的雕塑置于杂乱的环境中，人们也很难注意到它，或没有心情去欣赏它。所以，环境与雕塑是相辅相成、相得益彰的。

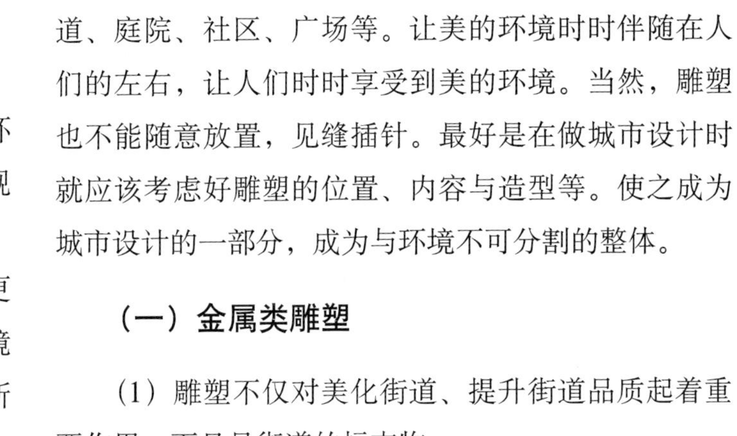

环境雕塑不能只是到特定的地方，如雕塑公园才能见到。它应该根置于人们的生活环境之中，如街道、庭院、社区、广场等。让美的环境时时伴随在人们的左右，让人们时时享受到美的环境。当然，雕塑也不能随意放置，见缝插针。最好是在做城市设计时就应该考虑好雕塑的位置、内容与造型等。使之成为城市设计的一部分，成为与环境不可分割的整体。

（一）金属类雕塑

（1）雕塑不仅对美化街道、提升街道品质起着重要作用，而且是街道的标志物。

图(a)

· 人体雕塑沿着道路的一边设置（图a维也纳），或沿道路的两边设置（图b奥尔堡）。它们与行道树相间，人从路上通过，优美的人体姿势时隐时现，为环境增添了一分优雅和文化气息。

图(b)

· 图(b1)道边人物之一。

图(a)

· 图(a)马尔默走街上的五人乐队——指挥、大号、低音贝司、小号、喇叭。此雕塑生动、诙谐，很有风趣，让人百看不厌，易记难忘。这五人乐队甚至已成为该街道的代名词，也是该城市让人记忆最深的景观。

· 图(a)五人乐队正面。
· 图(a1)五人乐队背面。
· 图(a2)小号及喇叭。

图(a1)

图(a2)

· 图(b)欲飞的鸽子。（奥胡斯）

· 图(a)苏黎世某过街桥头上的人物抽象雕塑。

· 图(b)美因茨某道旁抽象雕塑。它简洁而入画。

· 图(c)美因茨某道旁一纪念性雕塑。

· 图(d)道路拐弯处的一个对景雕塑——路遇。它吸引人们的视线。(美因茨)

· 图(d1)为图(d)的近景。

图(a)

图(b)

图(c)

图(d)

图(d1)

· 图(a)哥德堡某路边的雕塑。它简洁、潇洒，具有较强的现代感。

· 图(b)巴塞罗那贝伊港步行道上的抽象雕塑。

· 图(c)斯德哥尔摩某街道旁的抽象雕塑。

· 图(d)马尔默某路旁场地上的雕塑——飞马与人。

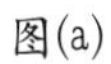
图(a)

图(b)

图(d)

图(c)

· 图(a)伦敦某街道上纪念二战时期的女战士纪念碑。

· 图(b)哥本哈根安徒生路的安徒生雕塑。

· 图(c)因斯布鲁克某街口的雕塑——战斗。

· 图(d)欧洲墙上雕塑十分丰富，是美化街道的一大景观。该图为苏黎世证券公司门头上的人物雕塑及蛇形灯架，十分生动。

（2）表现情和意的人物雕塑小品是城市中最具魅力的景观之一。

· 图(a)母与子。（奥尔堡）
· 图(b)三姐妹。（奥尔堡）
· 图(c)盼。（厦门鼓浪屿）
· 图(d)惆怅的女孩。（奥胡斯）
· 图(e)安徒生小说中的主人翁锡兵。（欧登塞）

图(a)

图(b)

图(c)

图(d)

图(e)

图(a)

(3）艺术来源于生活，又为生活服务。以普通人生活为题材的一些雕塑小品，造型生动、活泼，惹人喜爱，也是雕塑的主旋律和生命线。

· 图(a)投入——厦门一个题材轻松、造型可爱的雕塑。
· 图(b)露天酒吧的客人。（奥胡斯）
· 图(c)演戏。（欧登塞）
· 图(d)奥尔堡游泳馆前的雕塑。
· 图(e)女孩。（奥胡斯）

图(b)

图(d)

图(c)

图(e)

· 图(a)在家门口晒太阳的老人。（奥尔堡）
· 图(b)哄孩子。（奥尔堡）
· 图(c)聊天。（苏黎世）
· 图(d)跳芭蕾。（美因茨）
· 图(e)顶水罐的母亲。（科隆）

图(a)

图(b)

图(c)

图(d)

图(e)

（4）用雕塑美化城市广场是最常见的手段之一。

图(a)

图(a1)

· 图(a)一个中间为空心圆的四方体金属雕塑置于市政厅广场。并在市政厅的建筑轴线上。透过空心圆可以看到市政厅前这条轴线上长长的台阶式瀑布、平台、甚至于入口等。雕塑不仅丰富了广场景观，同时使市政厅的建筑轴线更加强化。（奥斯陆）

· 图(b)美因茨商业中心区屋顶广场上的抽象雕塑。

· 图(c)海德堡中心广场上的抽象雕塑。

· 图(d)哥本哈根某体育馆旁雕塑。

图(b)

图(d)

图(c)

· 图(a)帆。（巴塞罗那）
· 图(b)桅杆。（巴塞罗那）
· 图(c)巴塞罗那某场地的标志性雕塑。
· 图(d)戴皇冠的鼠。（马尔默）
· 图(e)收获。（马尔默）

图(a)

图(b)

图(c)

图(d)

图(e)

图(a)

· 图(a)三腿支起一个金光璨璨的大球，十分引人注目。球下是人们活跃的交往空间（图a1）。（萨尔茨堡）

图(a1)

· 图(b1)为图(b)的局部造型。

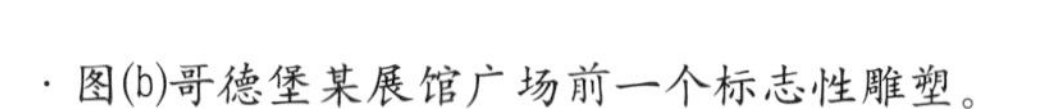

· 图(b)哥德堡某展馆广场前一个标志性雕塑。

(5) 城市绿地是雕塑艺术的用武之地，题材量大面广。

图(a)

· 图(a)镜子——位于厦门海滨绿地上的雕塑。题材新颖，人体刻画生动、有趣，惹人喜爱。

· 图(b)休闲。（马尔默）

· 图(c)日内瓦某绿地上的抽象雕塑。

· 图(d)呐喊。（马尔默）

图(b)

图(d)

图(c)

图(a)

· 图(a)椅——海辛格古城堡外的雕塑。

该椅错落有致地洒落在古堡城墙角下的草地上，构成古城堡的一部分，又是古城堡空间的扩展和延伸。它透着一种神秘，诱发人联想。

· 图(b)由线组成的几何形体。（法兰克福）

图(b)

图(c)

· 图(c)法兰克福某绿地上具有雕塑感的功能小品——地下建筑通气孔。

· 图(d)粗笨的机械零件陈列在适合的环境中，同样可以产生雕塑效果。（维也纳）

图(d)

(6)动物是人类的朋友。动物形象惹人喜爱，尤其儿童。人们常用动物雕塑活跃生活环境。

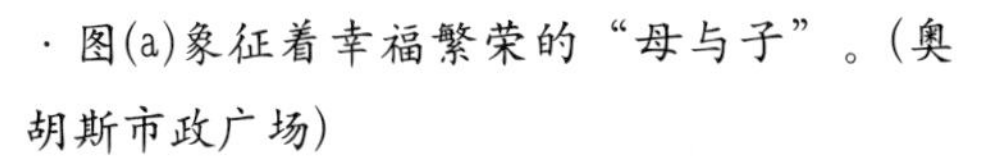

· 图(a)象征着幸福繁荣的“母与子”。(奥胡斯市政广场)

· 图(b)重庆沙坪坝广场上的“羊群”，也是孩子们很喜欢的玩具和座具。

· 图(d)华沙城堡广场上的北极熊。

· 图(c)巴塞罗那奥林匹克港广场上的名雕塑——鲸鱼。

· 图(a)海德堡某路边广场抽象雕塑。

· 图(b)海德堡桥边广场名雕塑——猫。

· 图(c)奥斯陆市政广场上的“熊”。

· 图(d)美因茨海边广场的雕塑——“虎”。

· 图(e)“三条鱼”。(奥尔堡)

图(a)

图(b)

图(d)

图(e)

图(c)

（二）石材类雕塑

石材是雕塑最常用的材料之一。题材也十分丰富。为了便于阅读，将一些有特点的资料根据所在位置略分几个栏目。其实，雕塑放在哪儿都可以，只要环境适当。整洁、有序的环境本身就是一种美，如锦上再添点花，就成了景观。反之，街道上一些不必要的设施占据着空间，再加上汽车、自行车乱堆乱放，再好的艺术品，也没办法成画。

（1）广场上的石雕

· 图(a)景中景——这是中间镂空成X形的石雕。通过镂空的空隙，可以看到变动的画面。创造了景中景的景观。（哥德堡）

· 图(b)哥德堡某场地上的一种意境雕塑。

· 图(c)位于某住宅区活动场地上的抽象雕塑。（哥德堡）

图(a)

图(b)

图(c1)

图(c)

·图(a)石壁——喷泉的背景。石壁两端有门垛似的收头，中间平均分成几段。既是一个整体，又很灵透。借助于背后的绿植陪衬，增加了景观效果。每段上雕有人物花饰，更显得隽秀。它的存在提升了喷泉的品质。（美因茨）

图(a)

图(a1)

图(b1)

·图(b)高约1m，长宽50cm左右的石墩，顺着弧形广场一字排开。每面雕有人物、花饰，是装饰广场的景观小品。每到周末，广场周围成为市场，石墩变成露天酒吧桌。朋友见面，邻里聊天，围站在石墩周围，边喝边聊，谈笑风生，成为周末一大人文景观。该景观小品拉近了人与环境的距离。（美因茨）

图(b)

图(a)

图(b)

图(c)

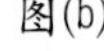

图(d)

(2) 绿地上的石雕

· 线条越是简单的艺术品，只要放在适合的位置上，会越看越有味道，“少就是多”，如图(a)、图(b)。

· 图(a)位于日内瓦湖滨绿地的一个雕塑。

· 图(b)哥本哈根哈姆雷特宫外雕塑。

· 图(c)欢迎——这一雕塑作品不是雕刻出来的，是用红色砖砌出来的，它朴素、温馨而生动，很有意义，立于火车站附近，欢迎所有来来往往的人。（奥尔堡）

· 图(d)纪念性雕塑——有关奥地利作曲家舒伯特介绍。（厦门海滨绿地）

(3) 街道上的石雕

· 将雕塑置于上下道中间，既是分隔道路的标志，又可作为街道标志。这种处理手法在欧洲多见。除了其功能之外，还提高了街道的品质，美化了环境。如图(b)、图(d)。

· 图(a)苏黎世班霍夫大街某路口雕塑——庭院深深。

· 图(c)人物抽象雕塑。（苏黎世）

· 图(b)置于上下道中间的雕塑——牛头。（欧登塞）

· 图(d)置于上下道中间的雕塑——羊头。（欧登塞）

图(a)

图(b)

·建筑拐角的雕塑对左右两边的空间有种“承上启下”的暗示作用，如图(a)及图(b)。其中图(a)的雕塑下带有石座。可供人休息。(科隆)

·图(c)水罐造景。(美因茨)

·图(d)欧登塞某路口雕塑。

·图(e)在台阶扶手上置雕塑美化环境，让雕塑艺术伴随人的生活无处不在。图中，身“着”带有奥尔堡市徽标志服装的“门卫”也是奥尔堡市政府门前唯一站岗的“卫士”。

图(a)

(4) 动物石雕

· 图(a)草地上石狮可爱的模样，造型又为孩子们攀爬创造了条件。所以孩子们非常喜欢“亲近”它。（爱丁堡）

· 图(b)华沙城堡广场中心集中成排布置的拟人化的各种卡通动物吸引游人观看。成为华沙老城区一景。

· 图(c)草地上的“狗”——表面用水泥粘卵石，远看，有明显的毛的质感。（奥尔堡）

· 图(d)鱼跃。（卢森堡）

图(b)

图(c)

图(d)

（三）木雕塑

· 图(a)哥德堡某社区休闲场地中的木雕。

· 图(b)奥尔堡火车站旁绿地木雕小品。

· 图(c)奥尔堡火车站绿地木雕小品。

· 图(a)枯树和鸟。(马尔默)

· 图(c)利用枯树造景。（奥尔堡）

· 图(b)卖艺人和狗。（奥尔堡）

· 图(c1)为图c的背面。

· 图(b1)为图(b)的全景。

· 图(a)哥德堡河滨抽象木雕。
· 图(b)奥尔堡火车站绿地木雕——老翁。
· 图(b1)为图(b)局部。
· 图(c)美因茨某路口木雕——船。
· 图(d)奥尔堡街道木雕——渔翁。

a	
b	b1
c	d

图(a)（奥尔堡）

·图(b)法兰克福某草地木雕。

·图(c)蓬皮杜艺术中心的造型柱。（巴黎）

（四）其他类雕塑

· 图(a)为巴塞罗那“流浪者”大街上的行为艺术景观——他（她）们根据设计，进行化妆，有的还借助道具的帮助，固定姿势，形成具有雕塑感的行为艺术。他（她）们以此谋生。欧洲城市多见，尤其大城市，成为城市一景。

· 图(b)用钢材做树枝，用塑料做花，模仿“繁花似锦”的自然景象，以此将两幢建筑连接起来，成为街道一景。（伦敦）

· 图(c)雕塑的本身非常简单。就是一个天蓝色的平板玻璃。但它充分利用颜色丰富而优雅的环境条件，利用材质和色彩的强弱对比关系而突出自己，与环境形成一组美观的景观小品。（伦敦）

· 图(d)利用废软胎与砂子组合构成的景观小品。（马尔默）

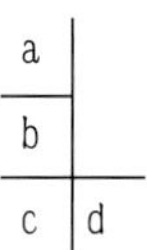

· 图(a)雪碧瓶造景立面景观。（因斯布鲁克）

· 图(a1)雪碧瓶造景的侧面景观。

· 图(a)将用过的空雪碧瓶底一个挨着一个地粘贴在墙上。由于它量多面大且透明，在光的作用下色彩和形状在统一中呈现出差异和变化，从而取得很好的装饰效果。

· 图(b)为软雕塑。它以鲜艳的色彩、可爱的造型和动感引人注目。（巴黎德方斯广场）

· 图(c)在搭好动物造型的骨架上培土，种上植物，然后喷水，生成鲜活的“动物”——创造了一种祥和和安静的环境景观。（香港）

·这里选编了一组伦敦植物园入口处具有雕塑感的藤编植物造景。它们大多以植物的果实为题材，效果不仅生动可爱，而且具有知识性。

a	
b	c
d	e

五、水景

水景是城市绿地、广场、园林等处最生动、最活跃的景观要素之一。它不仅美化了环境，而且还有利于净化空气和改善局部小气候。

水本身的涟漪、飞溅、流淌、跌宕等等动态及借助光的反射，天空的映照等所产生的无穷变化，为人们提供了休闲、娱乐的多种活动。水景常与雕塑结合，使景观更加丰富。

（一）瀑布景观

瀑布一般是指水由上而下的流动，是靠落差产生的声响、动态及载体的形式给人以强烈的美感。城市景观中的瀑布一般为一种仿自然意境的人造瀑布。它是用泵将水提升到一定高度，然后依靠水的自重下落。由于出水口的宽窄、粗细及载体的形式不同，形成各种各样、丰富多彩的瀑布景观。这里水面宽的称瀑布，水面细窄的称落水，其实都是waterfall。

· 图(a)为巴黎德方斯广场的台阶式大瀑布。其水底有色彩瓷砖映衬，水面有间歇式喷泉助兴，景观丰富，规模宏大，十分壮观。

· 图(b)斯德哥尔摩皇宫后墙瀑布之一。

· 图(c)奥尔堡某一出水口景观。

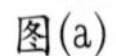

图(a)

· 图(a)和图(b)均为由“静水”和落差形成的瀑布。画般的“静水”水面、宽宽的瀑布，哗哗的水声和雪白的水花，组成了一个高低错落、“静”中有动的水景景观。其中，图(a)为欧登塞走街后面的休闲绿地水景。

· 图(b)为马尔默某街道水景景观。

· 图(c)花瓣形瀑布。（奥斯陆）

· 图(d)法兰克福某广场上的落水景观。

图(b)

图(c)

图(d)

·图(a)为哥德堡某广场一水景景观。其水中掺有发泡剂，水从高处落下，打在水面，形成泡沫，远看"白茫茫一片"，风一吹，泡沫随风飘散，满天飞扬，似一雪天景观。

·图(b)雨伞下的孩子们——其落水景观题材与造型十分贴切。(美因茨)

·图(b1)从另一个角度看图(b)。

·图(c)奥斯陆某广场一落水水景景观。

图(a)

· 图(a1)为图(a)的局部。

· 图(a)美因茨一水景。

· 图(b)为哥德堡某处的水景。该水景主要是由一个圆和三个半圆体组成的。它们的圆心在同一轴线上，只是各圆心的标高、直径大小的及圆面的方向不同，形成了变化丰富而又和谐的水景景观。

· 图(c)为奥尔堡某玻璃店前的标志性水景小品。它是将一块块的玻璃板水平叠放在钢架中间，再在一定高度架上水管而成的。其两侧翼部分也是用玻璃竖直叠成的。该小品朴素中有趣味，简单中有设计。图(c1)为图(c)的背面。

图(b)

图(c)

图(c1)

· 图(a)水帘洞景观。（香港）

· 图(a1)从喷泉看水帘洞。

· 图(a)为香港某处的水景景观。它是由两端加中间三部分组成的。其中一端是圆形水池中的圆水屋，靠着一平板小木桥与外连通。水从屋顶均匀流下来，形成水帘。看到它就会想到孙悟空所在的花果山，水帘洞。屋内围着中心柱有一圈坐凳，常有年青人在内聊天，儿童嬉戏。

中间部分是一长条形水池。水池中有混凝土制作的花格图案，另一端是圆形喷水池（图a1）。

· 图(b)科布伦茨某广场中心水景景观——航行中的船。

· 图(b1)为图(b)的局部（船尾景观）。

图(a)

· 图(a)马尔默某广场上三个并排的多层落水水景，成为该广场的主体景观。

· 图(b)“某人”蹲在池边喝水，水不断从碗边跌落下来。（奥斯陆）

图(b)

图(c)

· 图(c)路边停车场的一个小水景——水从上面的“岩缝”中跌落下来，滴滴答答，落在下面的水池中。（奥尔堡）

· 图(d)三个高低不同的水管置于绿篱围成的“花蕊”中。从水管流出的水落在金属盘上，发出清脆的叮咚声响。（马尔默）

图(d)

·图(a) 这是巴斯城河中一抛物线形三级瀑布景观——白色的水花衬托着光滑的曲线，使得景观十分显明和美丽，即使在夜幕之中也是如此。

·图(b)一个出水口。（萨尔茨堡）

·图(c)一个出水口。（奥尔堡）

·图(d)伦敦一路边水景——该水景由上、下两组组成。上为落水，下为喷水。两水汇聚于一点。这个点十分明显，像是一朵花的花蕊。而水像是从此点向四周喷射，形似一朵蒲公英花。

·图(a)宽宽的台阶分成两部分。一部分行人，一部分为台阶式瀑布。水从台阶上流下，形成一条白色的水面，像一条“河”。“河中有船、有礁石”，景观丰富。（奥斯陆）

·图(b)美因茨某广场的落水景观。

·图(c)这是一个造型柱。柱内一个体态婀娜的妇人正在给怀抱的裸体婴儿用水沐浴。水滴落下来，在光的照射下形成一串串明亮的“珍珠”。（布鲁塞尔）

（二）喷泉景观

喷泉是利用水压将水从出水口向上喷出，然后下落。由于水喷射的高度不同，出水口的形式不同，载体的造型不同等，形成形态优美、花样繁多的水景景观。它的水声叮咚，气氛活跃，吸引人的注意。尤其在光的照射下，水珠显得晶莹剔透，光彩闪烁，引人入胜。它是城市环境景观中最受人喜爱和最常见的景观之一。

· 图(a)为斯德哥尔摩塞尔格尔广场大喷泉。其中有一根约40m高、8万多块玻璃组成的柱子屹立中央，在阳光或灯光的照耀下发出奇异的光彩。

· 图(b)科布伦茨路边一水景小品。

· 图(c)哥本哈根一喷泉景观。

· 图(c1)为图(c)的局部近景。

·图(a)日内瓦湖大喷泉——一根垂直水柱在高压下喷高近百米。有风时，水柱由线变成面——一个宽宽的水幕薄纱般在空中飘动。透过“薄纱”依稀可见对面的建筑、树、山……给人一种朦朦胧胧的美感。

·图(c)这是一个利用高差，上部喷水、下部形成弧形壁泉式落水的景观小品。图(c1)是喷水口。（美因茨）

·图(b)海德堡步行街上一水景小品。

图(c1)

· 图(a)奥尔堡海滨广场的音乐喷泉。它是由20个相同的阶梯式同心圆喷泉组成的喷泉群。音乐响起时，水从圆心喷出，随着音乐上下起伏。不喷水的日子，可供人们休息和儿童玩耍。

· 图(b)这是一个人们容易接近的浅水池，池水在强劲的喷泉作用下，水花四溅，浪花翻滚。在阳光明媚的日子里，儿童在水中嬉戏，成年人也抵不住诱惑，下水与之为伍。这是美因茨某喷泉正在喷水时的景观。

· 图(c)紧贴地面的水景小品。(奥尔堡)

· 图(d)喷泉小品。(奥尔堡)

图(a)

图(b)

图(c)

图(d)

图(a)

· 图(a)斯德哥尔摩市中心广场水景景观——长方形的水池中放置了一组蜡烛式喷泉，丰富了水面景观。围着水池有适于人坐的多级台阶，每天都有许多游人和市民在此观景或休息。

· 图(b)一组三个方形水池，一字排开，水呈蓝色的。朴素中有种美感，像一朵路边开放的“野花”。

· 图(c)苏黎世某路边烛台式喷水景观。

· 图(d)喇叭花形喷泉。（维也纳）

· 图(e)希尔顿宾馆前喷水小品。（伦敦）

图(b)

图(d)

图(c)

图(e)

图(a)

· 图(a)石雕顶部有一组烛式喷泉。喷出的水顺着石雕流淌，无声无息。石在水的滋润下显得纹理清晰，色彩丰富而自然。石雕因水也更美。（维也纳）

· 图(b)雾状与抛物线形喷泉组合的大型喷泉景观。（维也纳）

· 图(c)草坪中的一个渠式水景，内有烛式喷泉。（哥德堡）

· 图(d)某宾馆前的四方体镜面水景小品。水从四方体下部喷出，线形均匀而整齐。四周的镜面映照着周围的景色，像一幅幅画面，很有装饰效果，也是该宾馆的标志物。（因斯布鲁克）

图(b)

图(c)

图(d)

·图(a)不对称形的花样色彩音乐喷泉（左边是抛物线形组成的花样喷泉。中间是一组4个烛形色彩音乐喷泉。右边是4个有底座的喇叭花形喷泉）。此喷泉花式丰富、美丽而有光彩，周围有一圈座凳，供人们观景。（美因茨）

·图(b)锥形喷泉与圆形水帘式落水组合而成的大型水景。置于广场中心，也是一步行街的对景景观。（法兰克福）

·图(c)圆形水池边等距离地设置了一圈喷水口。喷水口出水时，像女同志银项圈上镶嵌的珍珠闪闪发光。水池中“三位女性”在娴静地享受着水所给予的舒适。此水景规模不大，但很精致耐看。

（三）静水景观

静水凭借着光的反射能将四周的景物在水中形成倒影，从而得到了空间扩大和层次丰富的感觉。静水中的倒影如画似锦，又为环境带来平和、宁静、清幽、恬淡，这就是静水景观所追求的品质。有时适当地在静水中设置一些饰物，像雕塑、花草、禽舍、石景等，可使静水景观更具有魅力。当然，静水是相对而言的。

图(a)奥尔堡某住区街道小广场的静水景观图。

·静水景观的构成应该说是水池加环境。图(a)中水池由横竖两部分组成。水面上有木筏式的桥和造型粗犷的亭，再加上广场上骑马人的雕塑、“小树林”及建筑等，画面十分丰富，但一切尽在古朴中。

·图(b)奥尔堡某住区静水景观——蓝天映入水中，发出银色的光亮。水中的石是禽儿的生态栖息地。它们忙忙碌碌，飞来飞去，给环境增添了生机和活力。

·图(a1)从另一角度看图(a)。

图(b)

图(a)

·图(a)哥本哈根某广场圆形浅水池。池中置有微微高出水面的白色花纹图案，丰富了景观。

图(a1)

图(b)

·图(b)香港某住区的静水池——池面很大，池水清澈见底。边缘堆砌的宽宽的自然石在水中呈现不同的颜色，像给水池镶了一圈宝石花边。

图(b1)

·图(c)利用力的原理使漂亮的玻璃制品不停地摆动，成为水中一景。(萨尔茨堡)

· 图(a)冬季，河水结冰，万物寂静。但这一束束的红色饰物带给人们一份暖暖的兴奋和愉快。（北京亮马河）

· 图(b)湖中岛——禽儿们的“家园”。（奥尔堡）

· 图(c)湖中小木屋——禽儿们的“别墅”。（奥尔堡）

· 图(d)湖中的“荷花”。（马尔默）

· 图(e)水与石造景小品。（马尔默）

图(a)

图(b)

图(d)

图(c)

图(e)

（四）溢水景观

容器中有溢水口。水在一定的水压下从溢水口流出。当容器注满之后外溢，形成壁泉、落水、阶梯式瀑布等丰富多彩的水景景观。

· 图(a)苏黎世湖畔一碗形溢水景观。

· 水中的颜色是很美的。从溢水口溢出的水浸润着载体表面，其颜色变得更加鲜亮、美丽和更具装饰性，见图(a)、图(b)、图(c)。

· 图(b)是海辛格堡某道路交叉口处的溢水盘，左右各一个。从圆盘中间的溢水口流出的水均匀地覆盖在盘的表面成为水盘。使蓝色花样的盘显得更蓝更美。

· 图(c)科隆某商场入口一装饰性的阶梯形溢水景观。

图(a)

·图(a)为伦敦一个纪念一战和二战阵亡战士的纪念碑。两个三角形表面被水浸润着，水反射着天光和底色，十分明亮，吸引着过路人们的视线。图(a1)为从后面看纪念碑。

图(a1)

图(b)

·图(b)及图(b1)为香港某住区水景景观。其中图(b)水池中有溢水口，水注满后外流，形成瀑布。图(b1)为由瀑布形成的湖。

图(b1)

·图(c)奥尔堡市中心广场上一个水景+雕塑兼座具的综合性景观。该景观中间有溢水口，水静静地经过阶梯流入水池。

（五）溪流及溪流式景观

溪流这里指曲折蜿蜒在城市空间中的带状水景。这种水景方向性较强，有引导作用，可以利用它串联起一些景点。溪流给人源远流长的感觉。人们喜欢沿着溪流散步，乘着游船观景。而且还容易引起遐想、好奇心和乐趣。有些城市广场或街道也模仿溪流设置了一些溪流式的水景。溪流和溪流式景观给城市环境带来自然、清新和鲜活的气息。

· 图(a)泰国帕堤雅市的一条溪流景观——驳岸完全与自然融合。水中设有喇叭花形的喷泉点缀，是一条很有魅力的溪流景观。

图(b1)

图(b)

· 图(b)及图(b1)为奥尔堡某休闲广场上的溪流式景观——在广场上分别设置了几个水源。水从溢水口溢出后跌入“河道”，然后顺着曲折的“河道”流淌，形成一道道的“镜面”。在光的照射下，镜面中的倒影和颜色在不断地变换着。

· 图(a)水源——蜡烛式喷泉。

· 图(a)～图(c)为奥尔堡市某溪流式水景——蜡烛式喷泉是溪流的水源。水从喷水池源源不断地流出，通过水渠，穿过花坛，流经阶梯、草地，最后到达一个“草地深处”的“水井”中。

· 图(b)水穿过花坛，流经阶梯到达草地。

· 图(c)水在草地中蜿蜒，最后到达草地深处的“水井”中。

· 图(a)从此图中可以看到自然水渠、人工水渠和水池。两边高高竖立着的是街灯。

· 图(b)暗渠和明渠。

· 图(a)～图(c)为奥尔堡某街道的一个溪流式水景。此水景是由水源、“自然河道”、“人工水渠”的明渠、暗渠和水池等组成的。水源是一个涌泉，在“自然河道中”。泉水从“自然河道”流入“人工水渠”，下面依次流入水池→明渠→暗渠→明渠→自然水渠→明渠→暗渠→入海。其中：“人工水渠”河道整齐；“自然水渠”河道弯弯曲曲；水池中“父母领着孩子在悠闲地散步”；整个溪流两边有街灯照明。

· 图(c)水池和雕塑。

（六）水滨景观

人具有亲水性，喜欢眺望水，触摸水，欣赏水边的风景。在与水的接触中，获得身体的放松和心灵的净化。为了更方便地与水接触，人们设计了各种水滨观景设施，如水榭、近水平台等等，缩短人与水的距离。这些设施甚至和其上的人组成一道水滨景观。

图(a)

图(b)

图(c)

· 苏黎世利玛特河上设置了各种近水平台，如图(a)、图(b)、图(c)。

图(a)

图(b)

图(c)

图(d)

· 图(a)是苏黎世利玛特河自然型的驳岸。岸边绿草茵茵。岸上是宽宽的景观散步道，眼前是宽宽的滔滔水面，远处是教堂及各种建筑高低错落的屋顶。人们在这里休闲、观景和享受自然。

· 图(b)奥尔堡的海滨近水平台及观景台。

· 图(c)将海水引入岸区，并在三面修建台阶式座位，供人在此休闲或与大海对话。（奥尔堡）

· 图(d)为美因茨莱茵河畔台阶式的观景台，也是朋友约会、交往和家人休闲的好去处。只要天气好，每天傍晚和假日，台阶上总坐满了人。

· 图(a)～图(e)为巴塞罗那贝伊港海滨观景平台景观。以最大的可能为人们创造与水面接近的条件。

· 图(a)鸟瞰深入水中的曲线形观景平台。

· 图(d)观景平台。

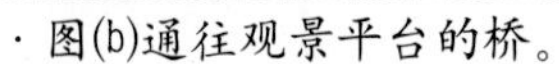

· 图(b)通往观景平台的桥。

· 图(e)在观景平台附近海面漂浮的雕塑。

· 图(c)观景平台上挡风的玻璃隔断。

· 图(a)美因茨莱茵河畔的有偿服务——日光浴场地景观。岸边布满了一个个白色的躺椅，供人们躺在上面进行日光浴。

· 图(b)河上具有古典风韵的木构观景台。它高高地伸入河中。（因斯布鲁克）

· 图(c)欧登塞水滨的近水平台。

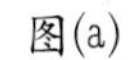

图(a)

图(b)

图(c)

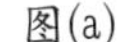

图(a)

·图(a)奥尔堡的海滨游泳池。

·欧洲一些城市水域丰富，大都有提供乘船游览的服务，就像乘坐市内观光车游览市区一样。如图(b)为哥本哈根游船到岸，与岸上观者上、下互动的热闹场景，成为城市的一大景观。

图(b)

·图(c)深入水中可坐可踏的小品。（马尔默）

·图(d)河边水禽栖息地。（日内瓦）

·图(e)河边水禽栖息地。（日内瓦）

六、儿童活动场地景观

儿童活动场地是城市环境景观之一，也是城市中最生动、最活泼、最有生气的景观之一。城市人口中，儿童占有很大的比例。儿童好动，尤其喜欢室外活动。这不仅是儿童的特点，也是成长的需要。所以在建立成人社区活动场地时，首先应该考虑儿童活动场地的设置。

欧洲一些城市中，儿童活动场地特别多。一般凡是有人集中生活的地方，如街道、社区、生活区，甚至于2～3栋住宅楼之间都能看到儿童活动的场地。成人室外休闲活动的地方，一般也都伴随有儿童活动的设施。

儿童活动设施一般有秋千、吊篮、压压板，能攀爬的各种架子，模仿农家田园景观的水车、水渠，过家家用的小房子、小桌子、小凳子，有的还布置一些卡通人、动物雕塑等，以增加童趣。

儿童活动场地有大有小。大的场地活动设施多些，小的少些，简单些。更小的，比如，在成人活动场地旁边也会设一个小小的沙池，成人活动时，儿童坐在沙池上玩沙子。结冰季节，在较平坦的空地上撒上水，就制成了一个户外滑冰场。

在儿童活动场地边上，一般设有坐凳或椅子，供照看儿童的家长休息。

活动场地的地面绝大部分是沙地，也有草地或软木、树皮、塑料地面等。这些都是可塑的、柔软的或有弹性的地面，可以使儿童在活动中“软着地”，保护儿童免遭摔伤。

下面是几个欧洲城市的儿童活动场地设计实例。这些活动场地大都呈现乡土的、田园的自然模式。活动设施一般也是“量身定做”的——根据已有材料、场地大小和现状进行设计，就像做衣服先量尺寸、盖房子先做设计一样。

活动设施有些是用没皮的原木搭成的各种支架，用旧轮胎做成的秋千，用麻绳编织成的吊篮和能攀爬的绳梯，用废管子做成的洞穴……总之，这些一般是就地取材，废物利用，既是生态的，也是环保的。

保护环境，关爱自然，从儿童的教育开始，这对儿童的成长是至关重要的。以下是一些儿童活动场地的景观实例：

（一）奥尔堡儿童活动场地之一

· 活动场地出入口景观。

· 图(a)场地内有个长着青草的小土包。他们给土包修上台阶，把滑板斜搭在土包的另一面。

· 图(b)孩子们踏着青草半掩的台阶上到坡顶，从滑梯上滑下来。

· 图(c)用原木做成一个“索桥”。孩子们在“桥”上嬉戏。

图(a)

· 图(a)把绳网架斜靠在土坡的另一面，孩子们正在攀着绳网架上坡。

· 图(b)将原木挖成水渠，使“水”从土坡上面顺着水渠流入“河中”。

· 图(c)上土坡的另一条路。

· 图(d)这是一条“河”，河道弯弯曲曲（河道中的水是用沙替代的）。

· 图(e)“河”中有船。

图(b)

图(c)

图(d)

图(e)

·图(a)“河”中有乌龟。

·图(b)场地中有“鸭”，有“鹅”。

图(c)

图(d)

图(e)

图(f)

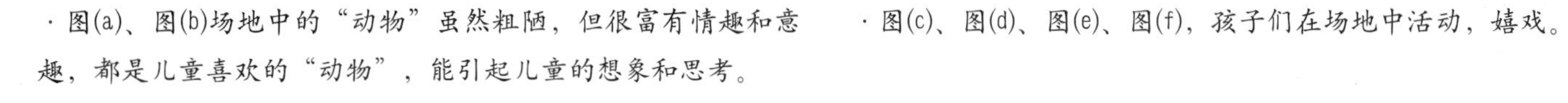

·图(a)、图(b)场地中的“动物”虽然粗陋，但很富有情趣和意趣，都是儿童喜欢的“动物”，能引起儿童的想象和思考。

·图(c)、图(d)、图(e)、图(f)，孩子们在场地中活动，嬉戏。

（二）奥尔堡儿童活动场地之二

· 图(a)活动场地出入口景观。

· 图(b)把“门”的“鳄鱼”。

· 图(c)活动场地中的廊桥。

· 图(d)压水设施（冬季摄）。

· 图(c)在低洼处铺了一个长长的架空木栈道，并在其上建了一个古朴的廊桥。

· 图(d)、图(e)在一块高起的地面上模仿原始的农村取水方式，设置了一个人工抽水机，压出的水经过长长的水渠自上而下的流淌。实际上压出的水并不多，仅是提高了儿童活动的兴趣和知识性。也为培养儿童从小了解自然、触摸自然提供了场所和条件。

· 图(e)长长的水渠和出水口。

· 图(a)“原始”的拉扛。

· 图(b)粗犷可爱的支架。

· 图(c)登高——大点的孩子常踩着树疖子爬上支架，就像农村儿童爬树一样。这儿是他们的天地。他们在这儿得到快乐。

· 图(d)荡秋千。

· 图(e)压压板。

a	b
c	
d	e

· 图(a)躺在荡木上就像睡在荡床上一样心里美。

· 图(b)在枯树上就地雕刻的人物与她背后的荡木是一组可爱的艺术小品，为场地增加了趣味性和艺术感染力。

· 图(c)滑梯架在粗犷的原木支架上，孩子们须从左边的绳网架爬上去，经过独木桥，才能从滑梯上滑下来。

· 图(d)绳网架是孩子们最喜欢爬的设施之一。

a	
b	
c	d

（三）维也纳的一些儿童活动场地景观

（1）某一公共儿童活动场地（图(a)~图（e））

· 图(a)从地下“压出”的水层层跌落，孩子们用水拌沙，玩得开心。

图(a1)

· 图(b)学开车。

· 图(c)摇锅。

· 图(d)卡通狗形弹簧凳。

· 图(e)小小儿童玩的滑梯。

（2）某社区儿童活动场地（图a～图e）

· 图(a)攀登架、管形封闭滑梯、秋千和“汽车”。

· 图(b)爬坡、爬梯、滑竿等活动设施。

· 图(c)“土、洋”结合的爬梯和滑梯。

· 图(d)“水车”和“水渠”。

· 图(e)秋千。

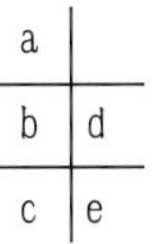

（四）日内瓦某一儿童活动场地景观

· 图(a)采用自然、可爱、古朴的“原始”造型，将多种活动设施组合在一起。

· 图(b)、图(c)模仿原始的一种农活装置。粮食用沙代替。

· 图(d)独木桥。

· 图(e)过家家的十分可爱的小屋。

a	
b	c
d	e

· 图(a)～图(f)，活动场地上的一些卡通人及动物造型。

图(a) 图(b) 图(c) 图(d) 图(e) 图(f)

（五）欧登塞某儿童活动场地景观

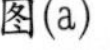

图(a)

图(b)

图(c)

图(d)

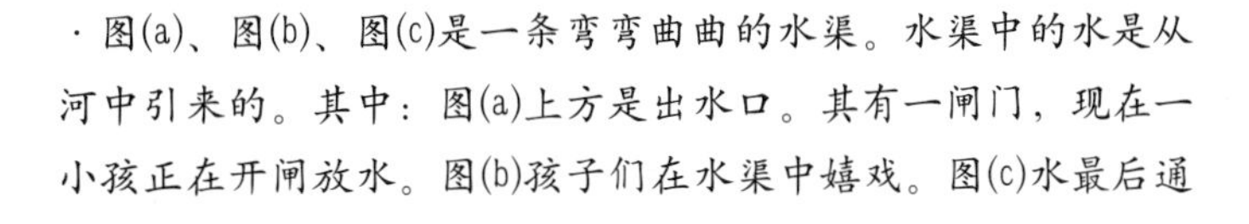

·图(a)、图(b)、图(c)是一条弯弯曲曲的水渠。水渠中的水是从河中引来的。其中：图(a)上方是出水口。其有一闸门，现在一小孩正在开闸放水。图(b)孩子们在水渠中嬉戏。图(c)水最后通过漩涡又流入河中。

·图(d)活动场地中的一块大石头，孩子们很喜欢爬着玩。

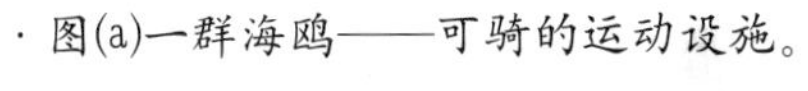

· 图(a)一群海鸥——可骑的运动设施。

· 图(b)木雕——鹈，有时候孩子也会骑上去。

· 图(c)桌子是“花”，凳子是“叶”。绿叶围着黄花。

· 图(d)木雕鱼和“浮萍”。鱼刚露出“水面”；“浮萍”人踩上去可以摇摆——模仿一种水景。

· 图(e)木雕——鱼。

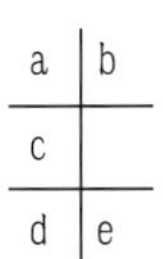

图(a)

图(c)

图(a1)

图(d)

· 图(a)像座小山一样的滑梯。

· 图(a1)上小山的路——窄窄的，弯曲而有点神秘。

· 图(b)围着秋千有一群装饰树。

· 图(c)三个“荷叶”搭成一座凉棚。

· 图(d)木雕——刚爬出洞的蛇。

图(b)

（六）马尔默某儿童活动场地景观之一

·图(a)儿童活动场地出入口——彩虹门——漂亮的色彩搭配获得漂亮的景观效果。彩虹的正反面之间有60cm左右的宽度，是一个可供儿童攀登的梯子。儿童可以从彩虹门的一头登上去，从另一头下来。从图(d)的右下方可以看到儿童正在登梯上去。

·图(b)可攀可坐的“树枝”。

·图(c)供孩子们攀登的“群山”——被绿色覆盖的“群山”与“山”角下的“草原”浑然一体。

·图(d)“小楼”——从中间的“螺旋梯”爬上去，从左边的滑竿上滑下来。图的右下方是彩虹门侧面，有孩子正在攀爬。

图(a)

· 图(a)树枝形攀登架——可登、可爬、可坐。

· 图(b)“村落”——过家家及做其他游戏的小木屋。

· 图(c)沙坑和座椅。

· 图(d)活动场地一景。

图(b)

图(c)

图(d)

（七）马尔默某儿童活动场地景观之二

· 本页为马尔默某住区一组造型各异的不锈钢攀爬架。它们疏密有致地散落在绿草地上。每个攀爬架配以相应的有弹性的红色地面，形成花朵般的装饰，像雕塑点缀着草地，又是儿童喜爱的健身器械。

· 花形

· 动物形

· 腰鼓形

· 柱形

· 球形

· 人形

（八）海德堡儿童活动设施选例

·图(a)将色彩艳丽的吊篮挂在高低不同的树枝上，孩子们坐在里面可以自摇或他人助摇。当吊篮摇起时，如蝴蝶翩翩飞舞，远处即可看到。

图(a)

图(a1)

·图(b)入口正面。

·图(b)某儿童运动场地入口设计。两幢房子用一座绳编“过街桥”连接，从左边房子里的梯子上去，经过“过街桥”到达右边的房子。也可以从背面明梯上去(图b1)。其可爱的造型及房子里的诱惑，孩子们很愿意上去“探索”。

·图(b1)入口背面。

·图(c)火车型儿童座椅。

(九)欧洲一些其他城市或社区儿童活动设施及景观

(1) 沙池与过家家的小屋

·图(a)在篮球场旁边建一沙池，家长打球，孩子在沙池中玩沙。孩子玩得开心，家长玩得放心。（奥尔堡）

·图(b)在烧烤炉旁为儿童建一沙池，到时大人小孩各忙各的，互不干扰。（奥尔堡）

·图(c)自然的河道形沙池。围着沙池有一圈宽宽的“木栈道”。（奥尔堡）

·图(d)过家家的小木屋。（哥本哈根）

·图(e)过家家的小木屋。（奥尔堡）

·图(f)广场中儿童活动的小木屋。（美因茨）

(2)攀登架与秋千（奥尔堡）

· 图(a)金属攀登架。

· 图(b)将四周长满青草的土堆上面做成沙池，并在沙池中“栽”上一棵钉有脚蹬的木柱，以供儿童攀登(图b1)。儿童根据自己的能力，登到一定的高度，然后跳下来(图b)。

· 图(c)五边形的组合秋千可以5人同时玩。

· 图(d)在住区和活动场地中，常可以看到从树上吊下一个打着结的绳子，供儿童攀爬用。

a	
b	b1
c	d

（3）滑梯

· 图(a)凤凰形滑梯。（哥本哈根）

· 图(b)爬着绳梯上去从滑梯上下来，有一定难度。（奥尔堡）

· 图(c)恐龙形滑梯。（哥德堡）

· 图(d)海豚形滑梯。（哥德堡）

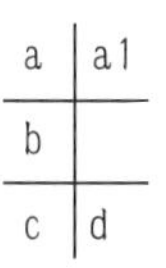

图(a)

·图(a)建在“亭”上的滑梯——以一棵大树为中心搭建一个平台。平台四周围上栏杆。茂密的树冠形成平台的“屋顶”（实际是藤爬满支架）。远看，大树根深叶茂，景观效果很好。儿童从木梯上去，在平台上活动、玩耍，而后从封闭的管状滑梯上滑下来。“亭”下是沙池，与活动场地的沙地连成整体，这里是儿童很喜欢活动的空间。（奥尔堡）

·图(a1)为图(a)局部近景。

图(b)

·图(b)有不同的绳梯和绳网架可供选择攀登，然后从滑梯上滑下。（奥尔堡）

图(c)

·图(c)简洁的儿童活动设施。（奥尔堡）

(4)综合活动设施

· 图(a)为一组造型美观的综合活动设施。活动内容包括：各种攀登架、波浪形滑梯、秋千等。（马尔默）

· 图(b)该综合活动设施是由4个体部用不同方式连接而成。可以做多种活动。如图(b1)孩子们在做“拉扛”运动。（奥尔堡）

· 图(c)为奥尔堡某社区的儿童综合设施。

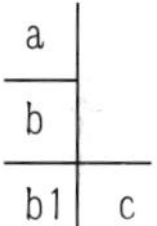

(5) 弹簧凳

· 图(a)象形弹簧凳。（奥尔堡）

· 图(b)3人同时玩的可摇可转的弹簧凳。

· 图(c)带表盘的弹簧凳。（奥尔堡）

· 图(d)两人同时玩的蝴蝶形弹簧凳。玩起来一高一低，如蝴蝶在飞。（奥尔堡）

· 图(e)狗形弹簧凳。（日内瓦）

· 图(f)蜗牛形弹簧凳。（日内瓦）

图(a)

(6) 转动设施与其他（奥尔堡）

· 图(a)下面一个人推，上面可坐几个人的转动设施。

· 图(b)可坐4个人的压压板。

· 图(c)可以自摇自转的设施。

· 图(d)踩着木桩“过河”。

图(a1)

图(b)

图(c)

图(d)

图(d1)

·以下是为活跃儿童运动场地而创意的形象。它们伴随着天真烂漫的儿童渡过快乐的时刻，而对有关设计者也会开阔思路。

·图(a)和图(a1)在儿童活动场地的地面上爬着一条吐着蓝色舌头的蛇。该活动场地上的沙池就是这条蛇身圈成的。（苏黎世）

·图(b)蛇形凳。（奥尔堡）

·图(c)卡通人。（奥尔堡）

·图(d)草地中的“蛇”。（奥尔堡）

·图(e)露出“水面”的鱼。（美因茨）

七、廊、亭

廊和亭是城市环境景观中的建筑小品。其造型十分丰富，种类也很多。但它们的基本形制又与当地的民族或地域文化密切相关。一般说来，廊、亭四面开敞，视线通透，轻巧美观，通常置于城市广场、绿地、园林或院落等处，供人们纳凉、休息、遮阳、避雨，并起着点缀环境的作用。廊还可用作外部空间通道或者纯粹是用来丰富空间、美化环境等。这里以欧洲的廊、亭为主列举了几个有特点的实例。其中又多见以藤蔓为顶。因为它是生态的、环保的，符合低碳生活，所以也叫生态廊、生态亭。另外，它的优点还在于“冬暖夏凉”和景观随季节变化——春天，藤绿了；夏天，花开了；秋天，叶红了；冬天叶落了，阳光进来了。在欧洲用藤蔓做廊和亭顶的很普遍。

1.廊

·图(a)这是将造型美观的亭一个个串联起来，形成的廊，在整体上有一种节奏感和韵味，成为点缀海滨的景观廊。（厦门）

·图(b)巴塞罗那贝伊港的弧线形廊架，造型美观，光影效果极佳。

·本页图为以藤蔓为顶的廊。廊的空与透根据太阳所在的不同位置可产生不同的光影效果，微风一吹，绿叶摇曳，十分生动。其中图(a)，长廊的侧面开敞与封闭相间，既丰富造型又便于人们出入。现在是早春景观，藤还没有绿。当藤绿了，景观会更加诱人。廊内置有一些人物雕塑和座椅(图a1)。（欧登塞）

·图(b)长长的廊道形如隧道，两侧被密密的藤类植物遮盖，像堵绿色的墙。光只能从顶照射下来。廊给人一种神秘感和戏剧性。（萨尔茨堡）

·图(c)这是法兰克福道边广场的柱廊。细细高高的柱让人想到哥特式建筑的回廊。廊内空间高大敞亮，廊下置有许多座椅，吸引过往的行人。

a	a1
b	
c	

2.亭

· 图(a)卢森堡某广场上的亭。常作为群众性的演出舞台使用。

· 图(b)苏黎世某街头广场中的亭。

· 图(c)位于日内瓦湖畔的亭。

· 图(d)亭式藤架小品。(哥德堡)

· 图(e)巴斯河边绿地中的亭。

a	
b	d
c	e

· 图(a)香港九龙某社区中的一个休息亭。亭的顶采用透光材料。亭内明亮，通透且轻巧。柱间用“美人靠”连接，是居民交往、休息的舒适空间。

· 图(b)、图(c)、图(e)为厦门海滨绿地中几种不同造型的亭。

· 图(d)为美国茨某绿地中的亭。

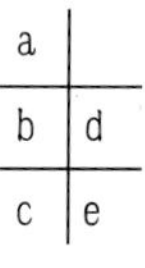

· 图(a)马尔默道旁绿地中的亭。

· 图(b)亭的顶面一半封闭，一半开敞，故也叫它阴阳亭。开敞的一半等着柱下种着的藤去覆盖。亭子顶上有一风向标，随风摆动。(华沙)

· 图(c)住宅院落中的花亭。(奥尔堡)

· 图(d)亭与雕塑艺术结合设置的景观小品。(法兰克福)

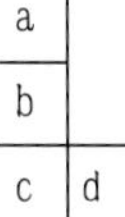

八、标志

标志就是标记。走在街道上，到处可以看到或用于指示，或帮助记忆的标志，如徽章、招牌、各类标志物及告示等等。尤其商业街上的标志更是琳琅满目、五彩缤纷。这些标志一般以单纯、显著的文字、符号，或易识别的图形、物象等为直观语言，让人通晓各种机构、商店、街道、城市设施等的位置、性质、作用及经营内容等信息。它们不仅具有很强的识别性，而且还具有很好的装饰效果，是城市环境中不可缺少的内容。

· 图(a)奥尔堡市市徽。欧洲几乎每个城市都有自己的市徽。凡是市所属的建筑及设施都有市徽标志，表明它的属性、职责和职能等，如市博物馆、图书馆、市政府大楼、市管辖的廉租房、市立的标志牌，公交车站、甚至垃圾桶等等，成为一个既有意义又耐人寻味的一景。

（一）一般性标志

1.徽章类景观

徽章虽然不大，但它以自己特定的含义和唯一性而具有了可读性。尤其许多个唯一性的集合，就形成了一种景观因素。

· 图(c)奥尔堡公交车站候车亭上的市徽标志。

· 图(b)奥尔堡市信访办公大楼一门头及玻璃门上的市徽标志。

图(a)伦敦城铁标志。

·图(a)伦敦城铁标志。它以圆与直线组合，红色与蓝色搭配，构成醒目的图案。车站站名用白色字写在蓝色底上，十分清楚。该标志站内站外多处重复出现，甚至站台的休息椅、车厢厢体内外的禁止吸烟的告示标志也用它作为基本元素、给人留下深刻印象，如图(b)和图(c)。

·图(b)车厢玻璃窗上的禁止吸烟告示标志（车行进中照的）。

·图(c)以城铁标志作为基本元素的座椅造型。

·图(d)这是在著名的欧洲中央银行前独立设置的巨大欧元标志。它呈蓝色，并有金色的群星簇拥，十分醒目，成为该地区的标志。它与欧洲中央银行一起，成为法兰克福的名景点之一。到该城市旅游的人，一般都会慕名而来。

·图(a)黄瓜上的丹麦旗。

·图(b)罐头盖上的丹麦旗。

·图(c)店入口的丹麦旗。

·丹麦国旗——人民的旗。政府这么说，那里的国民也这么说。丹麦国旗不仅代表了一个国家的所有内容，而且已经成为一个丹麦品牌。大到机械，小到土豆、黄瓜、发酵粉等许许多多的丹麦产品，都有丹麦国旗标志，甚至在丹麦的一些城市中，凡是丹麦人开的店，也常可看到以各种不同形式显现的丹麦旗（成为商业标志的国旗走样的不少，但国旗的精髓还在——红底，白色十字上下及左右到头）。丹麦人和住在丹麦的外国人非常认这些标志。他们认为，丹麦产品的质量是最好的，食品是最安全、可靠的。虽然有时价格会高于国外产品，但如果非要求买得放心，或不是太在意钱的话，丹麦产品肯定会是他们的首选。丹麦国旗还伴随着店庆、婚宴、生日派对等等，甚至狂欢也会将国旗涂画在脸蛋上，看来，是他们的真爱。

丹麦国旗随处可见，成为城市一景。

·图(e)一些城市的街道常年挂着丹麦国旗。

·图(d)橱窗上的丹麦旗。

2.以文字为主的招牌

有些招牌为了吸引顾客。采用色彩艳丽、形式新颖、与环境形成对比等手法来增强视觉冲击力，引起人的关注和兴奋，既起到宣传作用，又美化和活跃了环境。

· 图(a)海南一渔家女服装出租招牌。

· 图(b)哥本哈根某商业街上的招牌设置——店面招牌统一地写在出挑的小梁上，使招牌面向人流走向，人们举目便可看到。同时，密集的挑梁形成一个长长的沿街虚拟挑檐。梁与梁之间的漏空像是覆盖着一块块透明的玻璃，通过“玻璃”蓝天白云尽收眼底。这种形式一改传统做法，使人感到整齐、新颖、观看方便，同时也丰富了商业空间。

· 图(c)巴塞罗那贝伊港标志。

· 图(a)美因茨一商店招牌。

· 图(b)这是美因茨一商厦的招牌。其所经营的内容都在招牌中显示了出来。

· 图(c)法兰克福一娱乐城的招牌。

· 图(d)奥尔堡某商店招牌。

3.以图为主的招牌

这里主要介绍几个以图形来形象地表达经营内容的招牌标志。它易识、易记。这些图形或写实、或写意、或诙谐、或幽默。总之，一般生动活泼，颇具有情趣，使人们在品味中，心情得到愉快和放松。

· 图(a)帽子店。（哥本哈根）

· 图(b)美容店。（美因茨）

· 图(c)鞋店。（海德堡）

· 图(d)眼镜店。（哥尔哈根）

· 图(e)眼镜店。（海德堡）

· 图(f)娱乐城。（哥本哈根）

· 图(a)甜蜜蜜——海德堡一家巧克力店。

· 图(b)某国际四星级宾馆标志。（海德堡）

· 图(c)世界著名作家歌德(故居)展览馆标志——歌德画像。（法兰克福）

· 图(d)欧盟总部某办公大楼入口的告示牌。目前牌上的图是欧盟大选的标志。（布鲁塞尔）

·图(a)pizza店。（奥尔堡）

·图(b)全丹麦连锁的儿童玩具店标志。（哥本哈根）

·图(c)两人店。（哥德堡）

·图(d)娱乐城。（欧登塞）

·图(e)双立人刀具招牌——国际著名品牌。从招牌上的标志可以看出，它是一个具有二三百年历史的老字号。同时也能看出，从1731年到目前不同历史时期标志造型的变化。这种变化既有区别，又有继承，更多的是继承元素——再变也还是双立人。（哥本哈根）

4.实物模型标志

以实物模型为标志更加直观、生动，容易记忆。尤其商业标志，一看就明白所经营的内容。其优点是它可以跨越语言的障碍，不受文字的限制，尤其适用于国际化大都市和旅游城市。由于这些模型生动活泼，惹人喜爱，使人看后回味绵长。同时也为街道的环境增添了商业气氛和魅力。

· 图(a)自行车商店。（奥尔堡）

· 图(b)蛋糕店。（科隆）

· 图(c)面包坊。（苏黎世）

· 图(d)书店。（科隆）

5.雕塑、建筑及建筑小品等作为标志物

以构思巧妙或造型独特的雕塑、建筑小品，或利用建筑本身作为标志物，以加深人们的记忆，引起人们的联想。这些标志物不仅给人以美的感受，而且也增加了环境的文化品位和景观效果。

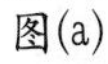
图(a)

·图(a)为奥尔堡市儿童图书馆。该馆在其影壁墙上塑造了一组卡通人，表明了建筑的特征和属性，同时对吸引儿童起到了积极作用。

图(a1)

图(a2)

·图(b)在建筑入口处的二层阳台上有两个不大寻常的“人”。他们的神态、动作特别能引起人的好奇心，或者猜想连连。让人记忆深刻。它成为这个建筑的标志，也是这条街道的标志，尤其对外地人。（美因茨）

·图(a)世界纪录博物馆标志。图为世界最高的人模型。（哥本哈根）

·图(b)某商场入口高高竖起的体部和体部上的表是该商场的标志，同时突出了入口。（哥德堡）

·图(c)对着银行入口，在人行道边设立了两个并排立柱。柱头的金色装饰与银行门头上方大如篮球的“金球”对应。它闪闪发亮，很突出，尤其在阳光下，成为该家银行的标志和地方标志。

·图(d)科布伦茨一个路口的标志。

·图(b)在入口塑造了一个看门的狗。它造型逼真，两眼炯炯有神，使人过目不忘。（华沙）

·图(a)在沿街建筑的转角处装了一个从上到下5层楼高的大温度计。温度计内的红色液柱和天蓝色的刻度美观而醒目，从远处就能看到。温度计的上方有一组可动雕塑：晴天出来一个骑自行车的“人”，雨天出来一个打伞的“人”。这组小品成为该建筑和该街道的标志。（哥本哈根）

·图(c)在高高耸立的烟囱式体部顶上竖立了一个希腊女神雕像。传说她是公正的化身。所以请希腊女神站得高高地俯视大地，让人们能远近随时可以看到她。这是奥尔堡某保险公司的标志，也是该地区的制高点。

·图(d)一个餐馆的标志。（法兰克福）

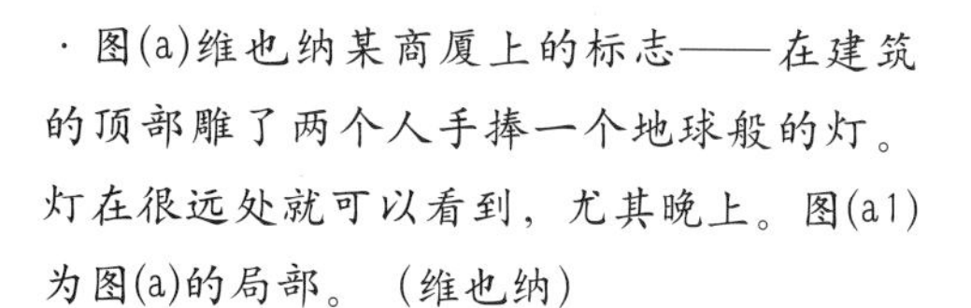

· 图(a)维也纳某商厦上的标志——在建筑的顶部雕了两个人手捧一个地球般的灯。灯在很远处就可以看到，尤其晚上。图(a1)为图(a)的局部。（维也纳）

· 图(b)儿童用品商店采用卡通式的大小入口，产生一种“戏剧性”的效果，惹人喜爱。不仅具有显明的标志性，也丰富了街道景观。（巴塞罗那）

· 图(c)商店入口将结构外露，产生了一种粗犷、自然的美，与周围环境“格格不入”而突出。（巴塞罗那）

a1	a
b	
c	

·图(a)商店入口的门亮子上塑造了一个招揽生意的卡通人，别开生面。（因斯布鲁克）

·图(b)住宅入口门头上一支生动的“手”，让你感到了艺术的魅力。（苏黎世）

·图(c)爱丁堡某歌剧院入口墙面上吹喇叭的戏装人物雕塑，也是该剧院的显明标志。

·图(d)英国著名女作家简·奥斯汀穿戴整齐地“站在门口”，像是在等待客人。一看就知道这一定是她的家（现在这里是她的纪念馆）。（巴斯）

· 图(a)、图(b)“在遇到不得不拆除的保护建筑，而该建筑又无法按原样复建，或者迁址复建亦无意义时，可以考虑拆除后原址设立纪念性雕塑”[①]。这个纪念性雕塑不仅是这里历史的见证，也是该街区的标志。（科隆）

· 图(c)将保护建筑还能利用的部分巧妙地组合到新的建筑之中，使之在再利用的同时，得到了保护。其又是新建建筑可贵的标志物。（爱丁堡）

· 图(d)设置在街道上的雕塑群，不仅是该街道的标志场。而且也丰富了街道景观。（欧登塞）

a	b
c	
d	

① 王国恩编著. 城乡规划管理与法规. 第二版. 北京：中国建筑工业出版社，2009。

·以建筑造型或材料的新、奇、特而与众不同，从环境中突显出来，甚至令人产生震撼，成为地标，或地标性建筑，如图(a)、图(b)、图(c)。

·图(a)法兰克福蔡尔街上的“大眼睛”。

·图(b)伦敦新市政厅。

·图(c)哥本哈根歌剧院。

图(a)

图(a1)

· 图(a)两个砖砌门柱加一个树廊，构成一条进入住宅楼的“外廊”。这个“外廊”成为该住宅楼的一部分。或者说：该住宅楼通过这个“廊”巧妙地穿过红线靠上了人行道。廊内夏季叶茂，遮阳挡雨；冬季叶落，廊似乎随之消失。但它仍能起到了引导作用。这种若有若无的设计自然而朴实。它既是该处的标志，又是一个街道景观小品。（哥德堡）

· 图(b)雕塑置于上下道之间，成为该街道的标志和很有魅力的城市景观。（奥尔堡）

· 图(c)当看到这些生动可爱的动物轮廓造型的门洞，立刻就知道，这里一定是天真烂漫的儿童天地，顿时一种愉悦涌上心头。（香港）

图(b)

图(c)

·图(a)这是科隆地质博物馆室外平台上的一组雕塑。这组雕塑是将造型各异的古石一个一个地分别安置在粗细不等、高低不一的红色木柱上。直观地向人们点明该馆展览的主题。它色彩艳丽，立意新颖，造型独特而聚焦人们的视线。（科隆）

·图(b)两把十分艳丽的“伞”构成一个宅院的“入口”。它的造型特点和靓丽、夺目的颜色，让人立刻就记住了它。（欧登塞）

·图(c)莫扎特故居——将莫扎特的头像雕刻置于古朴斑驳的墙面上，让人立刻会想到，这所房屋一定与莫扎特当年的生活关系密切。（萨尔茨堡）

·图(a)巷口的美人石雕，既是标志物，又是艺术作品。（苏黎世）

·图(b)餐馆门前的卡通人雕塑与该餐馆最低消费告示牌生动地组合，让人很容易记住它。（美因茨）

·图(c)用一个造型“扭着”的空中走廊将分别在两幢楼里的画室连接了起来。走廊一面的通长玻璃窗向下“俯视”，使过路人可以清清楚楚地通过窗玻璃看到廊内另面墙上贴着的宣传品，广告或告示。空中走廊的特别造型不仅是该画廊对外宣传的一个窗口，而且本身也是一个标志。图(c1)为内景。

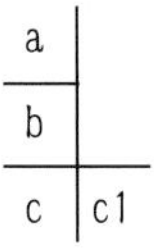

（二）告示性标志

在公共环境中，凡是与人行为和活动有关的事情都应该以告示的形式，在容易看到的地方公示出来，以便人们知道。所以在城市道路或交叉路口，或人流容易聚集之处，常常会看到用文字、图示、声像等方式表示的一些告示性的标志。如城市地图，街道、机关、企业、学校及某些公共设施等的方位、文化、旅游、商业等方面的信息，或一些交通指示标志及安全警示标志等。它们不仅方便市民或旅游者出行，而且由于它的量大面广，色彩、造型十分丰富，成为城市环境景观中的组成部分。同时，它们的设置也是反映城市文化与文明的一个重要窗口，如：

1.一般告示性标志

· 图(a)泰国芭堤雅某景区一个动物表演的告示。它以枯树为支撑，采用轻松休闲的表现形式，与周围环境很协调。

· 图(b)有关博物馆的告示。镶着金色框的方形告示牌设置在紫色的圆台形大理石基座上，与博物馆的整体设计相协调。(香港)

· 图(c)一个桥头的告示——从这儿到柏林563km。（美国茨）

· 图(d)苏黎世博物馆前的有关博物馆的告示。该博物馆是座历史性建筑。告示附于锈渍斑斑的石头上，成为博物馆“身体”不可分割的部分。

· 图(a)巴黎德方斯广场上的告示牌。它以简单的造型、素雅的色彩、潇潇洒洒的姿势“站在”广场上，一点也不觉得它碍事，还为中间略显空旷的广场增添了内容，且与广场的现代气氛呼应。

· 图(b)预建一个大厦的告示。该告示采用立方体造型。这样可以有更多的说明空间——利用四个面分别对大厦的透视图、平面图及其他有关事项进行说明。同时，这个立方体也是该环境中一个很好的景观。（巴塞罗那）

· 图(c)街道方位标志（标志下方挂有交通图）对初来乍到的人是非常有帮助的。（巴塞罗那）

·图(a)将各房间明细写在7形板内侧，7形板兼作雨篷和建筑出入口的缓冲空间。（法兰克福）

·图(b)方便行人和旅游者的城市地图。（哥德堡）

·图(c)交通信息亭。利用亭的四个面和上面的显示屏向人们告知有关公交车明细及交通图等。（哥德堡）

·图(d)城市旅游、交通等信息的看板像一本打开的书，每“页”能告诉你许多有关信息。（法兰克福）

图(a)

· 图(a)一个停车场的告示——场地内可存自行车，有座椅可以休息，可喝咖啡，有信息服务和厕所等。（奥尔堡）

· 图(b)一个海滨休闲场地的告示——顺着箭头方向有厕所、洗浴，一般垃圾箱和瓶子收集桶。（奥尔堡）

· 图(c)伦敦公交车和地铁内玻璃窗上的告示——把座椅让给怀孕妇女、抱小孩的及老年人。（伦敦）

· 图(d)厕所的告示。（巴斯）

· 图(e)厕所的告示。（爱丁堡）

图(b)

图(c)

图(d)

图(e)

·图(a)两块枯木架着一个信箱。左边牌子上写着41号。右边牌子上写着：有信件请放入信箱——一个用心的设计。（奥尔堡）

·图(b)采用图文并茂的形式对绿地中一些植物、花卉进行说明，然后将其固定在一棵棵小树一样的柱上，既有知识性，又丰富了环境景观。（伦敦）

·图(c)绿地中的一块宣传性园地，远看色彩鲜艳，不仅能告诉人们一些事情，而且使绿中有了“红花”相配。（波兰）

·图(d)采用图文并茂的形式对绿地中一些水禽、飞禽进行介绍。（马尔默）

a	
b	
c	d

·图(a)步行街上某商店的告示牌。（哥本哈根）

·图(b)置于步行街中央、另有专人服务的告示牌。(哥本哈根)

·图(c)将各单位的所在楼层及房间号写在商务大楼入口的“看板”上。该看板的造型向前弯曲，并向下倾斜，以适合人的视线。其结果不仅突出了入口，也丰富了建筑立面。（奥尔堡）

·图(d)以碑文的形式告诉人们这里曾经发生过的历史事件。（伦敦）

·图(a)自行车存车处标志。（维也纳）

·图(b)显示时间、温度、噪声等的告示牌。（哥本哈根）

·图(c)停车场自助交费处。（马尔默）

·图(d)出租车车站标志。（法兰克福）

2.警示类标志

这里指有危险隐患或一些不可作为的事情，以提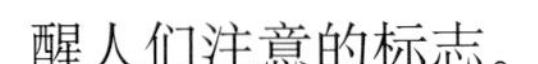醒人们注意的标志。

· 图(a)此草地人不可进入。（奥尔堡）

· 图(b)此草地狗不得入内。（奥尔堡）

· 图(c)一个开放公园入口的告示。（华沙）

· 图(d)此地不可停车。（奥尔堡）

· 图(e)社区绿地的一块告示牌。（香港）

· 图(f)狗要牵着。（伦敦）

· 图(g)当心，这儿有河。（奥尔堡）

3.交通类标志

交通标志与生命息息相关。所以它的位置十分重要。它应该明显、醒目，四周无任何遮挡，如：安全通道的标志牌高高耸立，让步行者很远就可以知道安全通道的位置。司机也可以提前注意，尤其安全通道不在路口时。

· 图(a)安全通道标志安装在指示灯上——高高在上。（奥尔堡）

· 图(b)安全岛上的安全通道标志。(苏黎世)

· 图(c)多设几个安全通道标志予以强调，尤其周围如有树干扰视线时。（哥德堡）

· 图(d)交通标志置于街道中央，不仅醒目，而且更加强了它的重要性。（哥德堡）

a
b
c d

·图(a)步行街标志。（奥尔堡）

一些交通类标志是国际通用的，但如何设置及是否设置是社会秩序与文明程度的体现，是城市文化与艺术水平的体现。我们渐渐步入老龄社会。交通标志应该更多地体现对老年人与弱势群体的关怀，更多地体现以人为本和人性化的交通标志设置。

·图(b)将步行街地面全部用斑马线表示，以增强醒目性及人的安全感。同时，斑马线也起到了装饰作用。

·图(b)步行街地面全部用斑马线表示。（奥胡斯）

·图(d)这条路只能走人。（奥尔堡）

·图(c)科布伦茨步行街标志设置。

·图(e)前方在修路。（奥尔堡）

·图(a)在100m之内，箭头所指方向有学校。言外之意：此地会有学生出入，司机注意。（奥尔堡）

·图(b)司机注意，这儿有学校。(奥尔堡)

·图(c)这里有学校，汽车限速20km/h。（爱尔堡）

·图(d)此路有儿童玩耍，汽车限速20km/h。（斯德哥尔摩）

·图(a)上下道之间的安全岛。（爱丁堡）

·上下道之间设置安全岛，给横穿街道的人创造一种安全条件非常重要，尤其是老年人，一个绿灯往往过不去。欧洲一些城市一般道路上都设有安全岛，即使是很小一点空间（图C），人站在里面也会有一种安全感，可以停一停，看一看，或等下一个绿灯。下面是几个不同的安全岛设置实例。

·图(b)道路交叉口的三角形安全岛。（伦敦）

·图(c)小小安全岛。（爱丁堡）

·图(d)用栏杆围起来的安全岛。（爱丁堡）

·图(e)上下道之间的安全岛设置。（哥德堡）

交通标志实例：

奥尔堡市郊通往海边的部分交通标志设置：

市郊交通标志是城市交通标志的一部分，甚至是重要的组成部分，是城市环境文明和以人为本的体现。现在越来越多的人选择在繁忙紧张的工作之余，利用周末或节假日远离城市的嘈杂，到郊外去轻松一下，呼吸呼吸“新鲜的空气”，享受一下山林海边或旷野的乐趣。但这些地方人少，不容易问路，在交叉路口或不容易确定方向的地方应设立路标、位置图、交通图等。尤其有悬崖、断层，迷宫路等危险的地方，应设立警示标志，以免发生隐患或危险。下面是奥尔堡市郊通往海边的部分交通标志。奥尔堡市郊，为了不破坏自然生态环境，汽车路远离海边。人们要到海边去游玩，必须在野草、灌木、树林中间穿行。这时，需要借助于城市地图、交通线路图和路标等的帮助。路上标志很多，这里根据前后顺序，选择一些如下：

·图(a)城市地图。

·图(b)人与自行车上下行标志。

·图(d)这组标志中表明：这条路上有儿童玩耍——牌子下写着“注意我”；有遛狗的；汽车限速20km/h。

·图(c)人与自行车同路，自行车限速5挡。

·图(a)3400m之内有鹿出没，提醒司机注意。

·图(b)右边有高尔夫球场。

·图(c)人与自行车的上下行标志。前面有新鲜草莓卖。

·图(d)这条路上常有遛狗的。狗必须牵着。汽车限速20km/h。

·图(e)自行车上下行标志。

·图(f)这条路不能骑马，狗要牵着。注意儿童。汽车限速20km/h。

·图(g)到海边的交通图，其中告诉你停车地方和厕所位置。

· 图(a)前面是∽弯路。

· 图(b)人走这条路。

· 图(c)人走这条路。

· 图(d)注意，前面是一条∽弯路。

· 图(e)海边到了，这里不能骑马，狗必须牵着。

4.色彩类标志

(1) 英国的地铁色彩分线

英国的地铁非常发达，线路很多，往往一个站台有多辆不同线路的车停靠。靠着记车次等不大方便。采用色彩分线是一个很好的办法——将每个车厢内的各种把手、拉杆等与地铁线路分色标志、地铁运营线路图等用同一种规定的颜色，乘客以辨认颜色为参照上车就很方便、快捷而准确。

· 图(a)红色线路车厢。

· 图(b)黄色线路车厢。

· 图(c)绿色线路车厢。

· 图(d)蓝色线路车厢。

(2) 色彩识别建筑与交通

建筑与交通标志等用色彩与周围环境分开，达到自我突出的目的，非常多见，如：

· 法兰克福著名的二色大楼（图a）；建筑局部用色如图(c)、图(d)。

· 在德国的中央火车站内，到站时间用白色牌子显示，离站时间用黄色牌子显示，即使不懂德文，只要记住颜色，就明白是到达还是出发了。

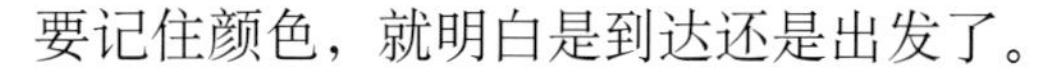

· 莱茵河穿过德国不少城市。据说，德国人爱喝啤酒。常常喝醉了找不到家，为了帮助醉汉辨明方向，街道名用蓝、红两种牌子表示。蓝牌子平行河道设置，红牌子垂直河道设置（图b)。这样，也帮助了外地游客尽快找到自己所住的宾馆。

图(a)

图(b)

· 图(c)海德堡某商厦。

· 图(d)海德堡某住宅。

公交车对市民生活太重要了，但城市中各种车辆五花八门，怎么能将公交车与其他车辆如各种巴士、旅游车等区别开来，从很远处就能进入人们的视线，只有色彩。利用色彩鉴别是最好的办法。

· 图(a)海德堡26路公交车，特殊的花色，产生了特殊的视觉造型，引起人们的视线跟踪。

· 图(b)伦敦市内公交车，车身几乎全部是红色的，靠车头大大的数字鉴别车路。由于那里的公交线路多、车多，颜色鲜艳而醒目，形成一道街道上的流动风景。统一的色彩吸引人的目光，一辆接一辆，等车的乘客似乎在期盼中得到某种慰藉。

· 图(c)马尔默的公交车采用蓝绿色，与周围的环境绿化既有区别，又很和谐，好像为城市增添了一份优雅与安静感。

a	
b	b1
c	

(3) 警戒色

①鲜明的色彩标志——黄色印象。

黄色的光感最强，明度最高，有种威严等超然物外的感觉，能引起人们的注意。所以把黄色或黄、黑两色相间设置作为警戒色或警戒标志。

·图(a)大面积的安全通道，采用黄灿灿的斑马线足以引起人们的警觉。(香港)

·图(b)停车场改为绿化用地，在花草未长出之前需要将其保护起来。为了引起人们注意，采用醒目的黄色隔离墩，以示警示。(奥尔堡)

·图(c)前方在施工，禁示车辆通行的黄色标志加上红色灯照明，十分醒目。(法兰克福)

·图(a)及图(a1)在环形岛的圆环上，用闪动的黄色灯作标志。远看，闪动的黄色灯形成一个圆，十分醒目。（爱丁堡）

·图(b)台阶边采用黄色线条，提醒人们注意。（重庆）

·图(c)小区安全通道的黑、黄相间的斑马线及标志牌。（香港）

图(a)

图(a1)

图(b)

图(c)

②巴塞罗那的交通指示灯景观

巴塞罗那交通指示灯很有特点。那里街道多，路口多，指示灯多。指示灯的罩采用黄色，显得大而抢眼，无论春，夏，秋，冬都很突出。每个路口的每个方向指示灯都很齐全。中间道路的指示灯一般用一个漂亮的弧形架弯向道路中央。这些指示灯标志成为城市中的一个亮点。以下是巴塞罗那街道上的指示灯景观。

图(a)

图(b)

图(a)

图(b)

图(c)

图(d)

图(e)

· 图(a)～图(d)巴塞罗那街道上的指示灯景观。

· 图(e)巴塞罗那贝伊港旁道路景观一瞥。

（三）有关方便儿童、老年人、残疾人等通行的设施及标志

社会在不断地走向进步、走向文明，包括对儿童、老年人、病人、残疾人等的关怀和帮助。随着人们生活水平的提高，婴幼儿乘坐的儿童车，老年人与残疾人等乘坐的轮椅也越来越多。为了他们出行方便，社会也应该设置一些相应的设施和标志。

·为坐轮椅人或负荷重的人过地下通道或乘地下交通，设置直梯，方便他们出行。欧洲一些城市中这些设施基本成网、配套，并且位置显明，非常好乘，很少有这边下去，那边上不来的情况。在台阶不多，使用人数有限的如宾馆、住宅等处，如没有直梯，一般也会有牵引轮椅的设施和有关标志。

·图(a)室外上下台阶的牵引设施。（爱丁堡）

·图(b)住宅中上下台阶的牵引设施。（奥尔堡）

·图(c)直梯上的残疾人标志十分明显。（科隆）

·图(d)跑梯旁边的直梯。（奥尔堡）

·图(e)半跑自动梯。(爱丁堡)

·图(a)美因茨一小学教学楼入口台阶扶手。

图(b)（奥尔堡）

图(c)（奥尔堡）

·台阶扶手设在中间比设在两边能发挥更好的作用，也是对弱者的关怀。尤其雨、雪天，台阶滑，老人、儿童要借助扶手才能移步。但扫雪往往从中间向两边堆积，雪中夹杂着泥水和垃圾，人很难靠近。欧洲一些城市台阶的扶手一般设在中间，甚至于只有2～3步，中间也会有扶手。

图(d)（伦敦）

图(e)（奥尔堡）

图(a)（奥尔堡）

图(b)（爱丁堡）

图(c)（爱丁堡）

·图(d)台阶前装有传呼服务的按铃，凡坐轮椅的人，只要按铃，就会得到帮助。(爱丁堡)

·图(e)地铁中坐轮椅的人和推儿童车的人专用通道。(伦敦)

·欧洲一些城市的公交车门附近一般都有老年人、残疾人的标志，以便在需要时，对他们进行相应的照顾。

图(f)（哥德堡）

方便残疾人等通行实例一：奥尔堡市政府大楼门前的告示

· 图(a)市政府办公楼前的两块告示牌。其中左边一块为各办公室明细；右边一块是平面图。

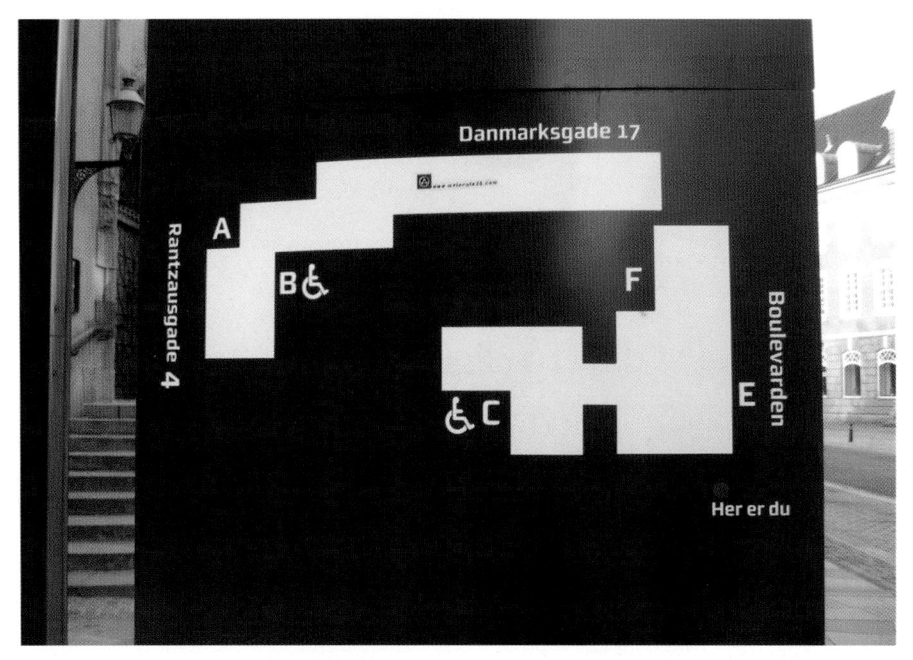

· 图(b)为图(a)告示牌的局部放大：大楼平面图显示残疾人应从B入口和C入口进入。因为入口地坪到电梯间需上台阶。这两个入口有轮椅牵引设备，如图(c)。

· 图(c)牵引轮椅的电动设备。

方便残疾人等通行实例二：奥尔堡警察局大楼门前的告示。

图(a)

图(b)

图(c)

· 图(a)警察局门前台阶、平台与告示牌。

· 图(b)告示牌——牌上表明该大楼平面图及各办公室明细。

· 图(c)中左边高起的是直梯，门上有儿童车和轮椅标志。乘直梯可以到达室外平台。

· 图(d)为该大楼入口。

· 图(e)入口门头上的标志表明：儿童车和轮椅顺着箭头向右走（那儿有上楼的直梯）。

图(d)

图(e)

九、广告的设置与设计

广告是一种宣传方式。它一般通过散发、报刊报导、视频、电台、电视播放、招贴、橱窗展示、商品展览等方式向公众宣传和介绍商品及报导服务内容、文娱节目、旅游参观等信息。在城市环境中，广告的视觉效应很有吸引力，也是构成街道景观的要素之一。下面介绍欧洲一些城市较有特点的几个广告形式、广告架、广告箱的设置及招贴柱的造型等。

（一）广告

· 图(a)设于丁字路口的巧克力广告，以蓝白色为主色调，以挡土墙的灰砖为底，四周以绿色藤蔓为边，形成一个完整的画面。该广告利用既有条件，并将生态的自然元素组合其中，取得了美观效果，不仅是广告，也是街道的对景。（苏黎世）

· 图(b)在十字路口一家银行的墙面上，有一幅巨大的足球守门员扑球的生动画面特别醒目。这是当年迎接2010年南非世界杯足球赛的广告。现在已成为该区的标志。（奥尔堡）

· 图(c)长方体可转动广告与街上的表组合设置是很聪明的作法。因为人人都需要知道时间。（美因茨）

图(a)

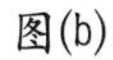
图(b)

图(c)

图(d)

· 图(a)将服装广告用纸板模特对号入座，并展示在广场的喷泉景观区与座位休息区之间。服装广告花花绿绿的颜色和区别于环境的竖向构图，使两区的观众都能一目了然。即是周围的路人首先看到的也是它。（奥尔堡）

· 图(b)服装橱窗与电话亭结合设计，形成一组街道小品。（维也纳）

· 图(c)一个小小的折扣店，它的沿街立面除了门之外全被大大的折扣率占满。靓丽的色彩、诱人的折扣吸引过往行人的目光。（巴黎）

· 图(d)一家糖果店假日不开门，将自己所经销的糖果价格分别写在高明度的黄色纸片上，再将其一个个贴在“门脸”上，供逛街的人了解。（哥德堡）

·图(a)广告牌顺着步行道中轴线并肩一字排开，既分割道络，又使上下行的人都可以方便地看到。（苏黎世）

·图(b)商店经营的主打商品以广告的形式贴在相同大小的石膏立方体上。并将其有高有低叠加组合、错落有致地摆放在店前广场，像一个精心制作的雕塑小品，吸引观看，也可暂坐。另外，广告内容和立方体组合及摆放形式也可根据需要，常换常新，如图(b1）。

·图(c)视频广告，虽然放置在街道交叉口的一个不起眼的墙面上，但视频图像变幻产生的动感及鲜亮的画面，吸引过往的行人注意。（布鲁塞尔）

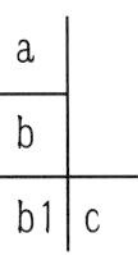

· 本页的图(a)～图(d)为巴斯修道院广场对英国旅游景点的宣传景观。其中：

· 图(a)为其广场中心地面上的旅游地图。上面标出了全英国景点、名胜的名称、位置。每天吸引着大量旅游者对之“研究”。

· 图(b)将各景点的进一步介绍做成一个个图片，并附以文字说明，布置在地图四周用架子支撑的平板上。

· 图(c)和图(d)为在图片的外围布置了一些座椅，供游人休息。在广场周边还布置了一些呈三角形的广告牌，利用三个面对精彩景点给予重点宣传。

通过以上层层深入的宣传，使游人对英国的景点名胜有了较深入的了解和游览的兴趣。

a
b
c d

a	b
c1	c
d	

· 图(a)书店将新版图书置于店前柱廊的玻璃展柜中，供行人了解。该廊也是人行道的一部分。（美因茨）

· 图(b)广告用精制的玻璃盒等距离的在人行道上陈列起来，一破人们头脑中广告展示的习惯做法，用它给人的直观"珍贵"形式，挑逗人们的好奇心，前来观看，达到宣传的目的。（科布伦茨）

· 将出售的商品广告或商品直接由人携带在身上（图c、图c1，法兰克福），或者通过奇特的人体造型（图d，帕堤雅）在步行街或人流集中的地方进行流动宣传，吸引人的目光，达到推销的目的。

(二)广告架与广告箱

为方便广告宣传，又不至于造成浪费，最好是用者自取。如：欧洲一些城市将广告印刷品放入广告架或广告箱中，并将其置于广场、人行道旁及人流来往集中的地方，以方便人们自需自取。

图(a)

图(b)

图(c)

图(d)

图(e)

· 图(a)置于候车室“外墙”的广告架。（奥胡斯）

· 图(b)置于广场的带轮子的广告架。（奥尔堡）

· 图(c)人行道上的广告箱。（苏黎世）

· 图(d)人行道上的广告箱。（斯德哥尔摩）

· 图(e)公交车站上的广告箱。（苏黎世）

（三）招贴柱

将广告或宣传品贴在街道专门设置的造型柱上，这里叫它招贴柱，在欧洲的城市街道上常可以看到。它们造型十分丰富，在环境中很突出，甚至成为环境中的装饰物。

图(a)（华沙）

图(b)（法兰克福）

图(c)（哥本哈根）

图(d)（巴黎）

图(a)（苏黎世）

图(b)（哥德堡）

图(c)（巴塞罗那）

图(d)（哥本哈根）

图(e)（奥尔堡）

· 图(f)维也纳可转动的招贴柱。

十、垃圾箱(桶)的设置及造型

在城市中，垃圾箱(桶)是最量大面广的设施之一。凡是有人生活、工作、学习及聚集、等候、过往之处，均应设置。它是城市环境干净、卫生的基本保证。以欧洲一些国家为例，如法国、德国、奥地利、丹麦、瑞典等，他们的城市无论大小，走在街道上，随时会发现有垃圾箱(桶)伴随你左右。甚至于还将垃圾桶拴在电线杆上、灯柱上、公交汽车站牌上，标示牌上，钉在墙壁上等，人们投放垃圾十分方便。

由于垃圾箱(桶)量大面广，与人的关系又十分密切，所以要求特别注意其本身的清洁。同时，也应该注意美观，甚至使其成为城市环境中的景观小品。

垃圾箱(桶)根据垃圾的分类不同，设置的位置不同，造型也不一样。欧洲一些国家的垃圾分类十分细，如分一般生活垃圾、玻璃瓶、易拉罐、塑料瓶、纸(包括废纸、书报、杂志)、包装纸盒、厨余、厨具（锅及其他金属制品)、电池、烟灰烟头等。这些垃圾均要分别投放。其中包装纸盒必须折成纸板，而有的瓶子（如一些饮料瓶）是属于商场有偿回收的。他们的街道、社区、学校、单位等均设有集中投放垃圾的地方。而这些地方的分类垃圾箱不一定全，但他们都知道投放它们的地方，即使路远点，也会送到那儿去。这些垃圾会定时由垃圾收集单位用车拉走。如独门住户，也有自家的分类垃圾箱。他们会记着什么日子收集什么垃圾，到时早早地把垃圾箱放在门口，等收集单位来倒空。每个垃圾箱收集的内容均用图示或图示加文字标注在箱(桶)体上，是不会放错的。他们划分管理，真放错了，如丹麦，那是要追究和被罚款的。

垃圾箱(桶)的设置是城市文明的标志之一。城市为人们投放垃圾提供了方便，人们也为城市的垃圾清扫、垃圾处理带来方便。同时，大家享受到干净卫生的城市环境。

(一)主要为社区或街区服务的分类垃圾箱设置景观

社区或街区的分类垃圾箱一般设置在宜于投放、清洁及方便运输之处。如街旁，路口和人出入经过的地方，如：

·图为奥尔堡社区的一组服务站设置景观。其中包括分类垃圾箱、自行车棚。它们设置在人们出入的路上，并面对城市道路，使用与清洁都很方便。

· 图(a)及图(b)是奥尔堡某社区路边上的一组分类垃圾箱。其中安装在杆上的黄色小垃圾箱是用来收集废电池的。

· 图(c)为萨尔茨堡某街区人行道边的一组垃圾箱设置。它背靠精心设计的背景墙，组成漂亮的街道景观。

· 图(d)为伦敦某街区道边上的分类垃圾箱设置景观。贴在垃圾箱体上的图示色彩鲜艳，很醒目。

a	b
c	
d	

· 图(a)奥尔堡某社区一组分类垃圾箱，分类内容从左向右为：

①干净鞋和衣服投放箱——丹麦各地均有许许多多慈善机构开的二手店。人们将自己不用的东西（包括日用百货、家具、服装、摆设等等），清理干净，叠烫平整，无偿地送往那里。由二手店便宜地卖给需要的人，赚的钱用于慈善事业。也可以把洗干净的鞋和衣服送到就近的投放箱中（欧洲的许多城市也是如此）。

②一般生活垃圾箱。其上的黄色附着体收集废电池。

③厨、卫废金属垃圾箱（废龙头，锅等）。

· 图(b)、图(c)均为巴塞罗那街区的一些分类垃圾箱设置景观及造型。其中更多的是如图(b)，置于道路交叉口的四个角上。这样既方便使用和管理，又方便运输。

· 图(d)为美因茨一门多室户的分类垃圾箱设置。

a	
b	
c	d

·图(a)为奥尔堡某社区的一组分类垃圾箱。它色彩漂亮，造型美观，在环境中很突出。其中黄色的小垃圾箱是收集废电池的。

·独门住户的分类垃圾箱造型一般都统一设置。如图(b)为巴斯一独门住户的分类垃圾箱。每个箱盖上图示了收集的内容，方便自家使用，也方便城市环卫机构来收集。

·图(c)奥尔堡某社区垃圾站。其中有三个牛皮纸垃圾桶，通常收集一般生活垃圾。它是可以再生的环保型容器，在奥尔堡住区使用得很多。

· 图(a)设于住宅楼出入口路上的一组分类垃圾箱景观。（奥尔堡）

· 图(b)、图(c)为维也纳某街区的两处垃圾站。另有一告示牌用图示表明：不收集彩电、轮胎及电子设备。

· 图(d)为奥尔堡海边的一个垃圾站设置景观。每个垃圾箱分别放在一个金属造型体中。图(d1)为图(d)的局部，图示收集的内容标在盖上。

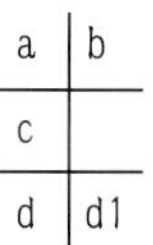

(二)主要为方便行人使用的垃圾箱设置及造型

(1) 悬挂式的垃圾箱(桶)

凡离开地面一定高度的垃圾箱(桶)这里统称为悬挂式垃圾箱。其优点是便于人们投放和地面清洁。这种设置欧洲十分多见。下面是一些不同的悬挂方式及造型实例。

· 图(a)垃圾桶挂于支架上。(日内瓦)

· 图(b)垃圾桶挂于桥的栏杆上。(日内瓦)

· 图(c)垃圾桶挂于公交站牌上。(奥尔堡)

· 图(d)垃圾桶挂于室外柱子上。(法兰克福)

· 图(e)垃圾桶挂于短柱上。(马尔默)

图(f)(北京)

· 图(g)垃圾桶挂于墙壁上。(奥尔堡)

· 图(a)座位旁的垃圾桶，提起的高度正好便于坐着投放垃圾。（科隆）

· 图(b)挂于灯柱上的垃圾桶。（科隆）

· 图(c)垃圾桶挂在交通指示牌上。（维也纳）

· 图(d)垃圾桶固定在支架上。（哥本哈根）

· 图(e)垃圾桶与广告牌结合设置。（厦门）

· 图(f)华沙与老城区环境融合的垃圾箱造型景观。

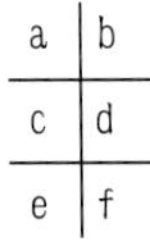

(2) 置于地面上的一些垃圾箱造型实例

· 垃圾桶除了满足功能要求之外，不同的设置位置，不同的造型，也会产生不同的景观效果。

· 图(a)垃圾桶与“身旁”的路障“你中有我，我中有你”，组成一组和谐的街道景观小品。(奥斯陆)

· 图(b)日内瓦湖边的垃圾箱景观。

· 图(c)伦敦街道上的“老式”垃圾箱造型。

· 图(d)伦敦街道上的垃圾箱景观。

· 图(e)温莎街道上的垃圾桶。

·图(a)香港置于街旁的一组分类垃圾箱。

·图(b)商业街上与广告结合设置的垃圾箱。(重庆)

·图(c)法兰克福某地铁站单体分类垃圾箱。

·图(d)奥尔堡的海边垃圾桶(外部钢筋混凝土材料造型,内为金属桶套塑料袋)。

·图(e)北京一些街道上的分类垃圾箱。

·图(f)三亚一景区垃圾箱。

·图(a)置于过街路口上的垃圾桶。圆柱形垃圾桶用圆形地面铺装衬托。(苏黎世)

·图(b)日内瓦某绿地的垃圾箱。

·图(c)马尔默街道上的垃圾桶。

·图(d)华沙街道上的垃圾桶造型——敦实、质朴且好用。

·图(e)(左)、图(f)(右)为巴塞罗那汽车站的一个单体分类垃圾桶。它虽小，但分类清楚，并有图示标注。

(3)塑料袋与纸袋垃圾箱

直接将塑料袋套在支架上，构造简单，装卸方便，易于清洁，成本低廉。另外，由于塑料质地、色彩、形式易于与环境形成对比，所以较明显。随着塑料袋色彩的更换，还可产生不同的景观效果。欧洲普遍使用，如下实例：

· 图(a)(左)、图(b)(右)为巴黎的两种口形不同的塑料袋垃圾“桶”。

· 图(c)哥本哈根的塑料袋垃圾“桶”。

· 图(d)伦敦的塑料袋垃圾“桶”。

· 图(a)给塑料袋垃圾“桶”披件外套。（奥胡斯）

· 图(b)有盖的塑料袋垃圾“桶”。（苏黎世）

· 图(c)固定在三脚架上的塑料袋垃圾“桶”。（因斯布鲁克）

· 图(d)固定在栏杆上的塑料袋垃圾“桶”。（伦敦）

· 图(e)日内瓦步行街的塑料垃圾“桶”。

· 图(f)在奥尔堡的深度街、巷中常可见到牛皮纸纸袋垃圾“桶”——环保垃圾“桶”。

（三）一些单项分类垃圾箱（桶）的造型

（1）一些瓶子收集箱（桶）设置及造型

图(a)（奥尔堡）

图(b)（奥尔堡）

图(c)（巴黎）

图(d)（哥本哈根）

· 图(e)法兰克福街道上的瓶子收集箱。图中一人正在投放瓶子。

图(f)（奥尔堡）

(2) 一些其他独立设置的单项分类垃圾箱（桶）造型

· 图(a)厨余垃圾箱。（奥尔堡）

· 图(b)废电池收集箱。（奥尔堡）

· 图(c)厨具废品箱。（奥尔堡）

· 图(d)废塑料膜箱。（奥尔堡）

· 图(e)废纸、纸箱。（奥尔堡）

a	b
c	
d	e

· 图(a)易拉罐收集桶。（巴塞罗那）

· 图(b)左孔收集电池，右孔收集一般垃圾。（哥本哈根）

· 图(c)纸板（将纸盒折成纸板）收集箱。（奥尔堡）

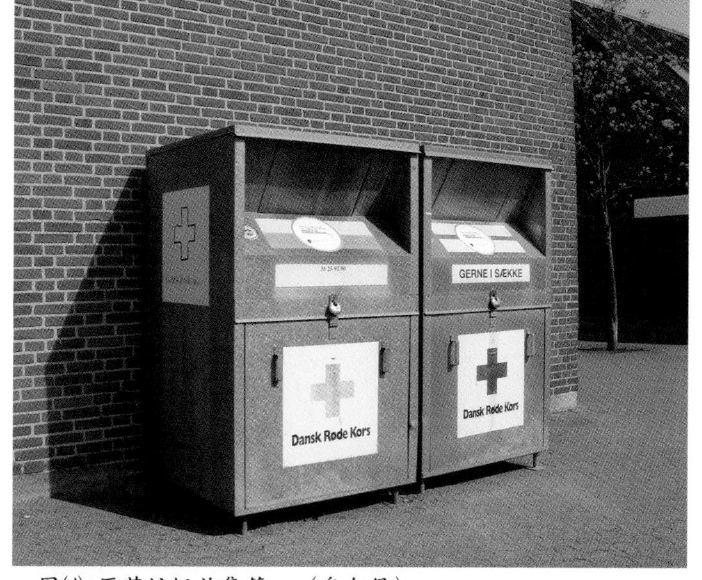

· 图(d) 医药垃圾收集箱。（奥尔堡）

· 图(e)住宅区内的废电池收集桶。（哥本哈根）

· 图(f)纸、报纸收集箱。（巴塞罗那）

(3)烟头、烟灰缸

烟头、烟灰不仅污染环境，还有火灾隐患，所以应单独收集。一般室内不允许抽烟的建筑如商店、酒店、宾馆等应在出入口处设置烟灰缸。在街道及一些室外休闲活动场地也应设置烟灰缸，以方便抽烟者。烟灰缸可以独立设置，或设置于柱上、墙壁上，也可以与垃圾桶组合设置。

(a)独立烟灰缸的设置及造型

·图(a)置于街道拐角墙面的烟灰缸。（维也纳）

·图(b)置于街道墙面的烟灰缸。（伦敦）

图(c)（爱丁堡）

图(d)（伦敦）

图(e)（伦敦）

·图(c)～图(e)均为靠近人行道边上的烟灰缸。

· 图(a)奥尔堡街道上的独立烟灰缸景观。

· 图(b)独立的烟灰缸设置。（美因茨）

· 图(c)某酒店门前柱上的烟灰缸。（维也纳）

· 图(d)商店门前的烟灰缸。（巴塞罗那）

· 图(e)商店入口的烟灰缸。（苏黎世）

· 图(f)置于店前墙面上的烟灰缸。（巴塞罗那）

·图(a)汉堡地铁口的“烟灰缸”——一棵逼真的“烟”垂直插入沙盘中。这是一个很有魅力的功能性雕塑小品。

·图(b)科隆火车站设置的烟灰缸。

·图(c)马尔默某街道上的独立式烟灰缸。

·图(d) 法兰克福某街道上的烟灰缸。

(b) 一些与垃圾箱(桶)结合设置的烟灰缸造型

与垃圾箱(桶)结合设置的烟灰缸，由于构造简单，易于寻找等优点，使用较普遍，如图(a)～图(f)所示。前面介绍的方便路人使用的垃圾箱普遍也带有烟灰缸。

图(a)（苏黎世）

·图(b)苏黎世步行街上的垃圾箱，上口为烟灰缸。

图(c)（苏黎世）

图(d)（华沙）

图(e)（法兰克福）

·图(f)垃圾桶盖上面的烟灰缸。（温莎）

（四）童趣垃圾箱造型

图(a)（香港）

图(b)（香港）

· 图(c)科隆步行街上的一个童趣垃圾箱景观。

图(d)（奥尔堡）

图(e)（奥尔堡）

(五)狗屎收集

现在养狗的人越来越多。狗屎、狗尿对环境的污染已经成为公害之一。社会应该对养狗的家庭进行有关的教育和相应的管理。如蹓狗时要求一定牵着，不能任意乱跑和随地“方便”；狗屎用塑料袋收集起来投入垃圾箱。不允许狗进入的场地应设立鲜明的告示等等。

·图(a)～图(c)图示上告诉你：狗要牵着，这里有塑料手套和塑料袋。狗屎请拿起来装袋，扔垃圾箱。

图(a)（奥尔堡）

图(c)（日内瓦）

图(b)（马尔默）

· 图(a)箱中有塑料袋。（维也纳）

· 图(b)箱中有塑料袋。（奥尔堡）

· 图(c)狗屎请装塑料袋。（布鲁塞尔）

图(d)（伦敦）

十一、路障

路障，这里是指在街道或道路上设置的一些障碍物或隔离物，如常见的隔离墩、栏杆等，主要起着限定、保护与导向作用。

一般在街道上，为了创造整齐、开敞、美观的景观环境，不应设置任何障碍物。但为了安全：必须将人车分流；必须将上、下道隔开；步行街严禁通行汽车；市民活动、休闲场地禁止停车；有沟壑等危险处除了设置警示牌外，还应设置护栏或隔离墩等进行防护等等。

如果街道上到处都是金属护栏、混凝土墩子，会感觉乱而枯燥。如何使隔离物既具有隔离功能，又能照顾到城市街道景观，需要设计者、管理者的努力，还需要司机的文明驾驶及市民的文明通行。

（1）隔离墩

作为路障用的隔离墩一般指低矮、粗大、敦实、有一定重量且不易移位的隔离物。它可以用在任何有危险隐患需要隔离的地方。

· 图(a)台阶前是停车场。防止汽车发生意外，在台阶前设车挡。（奥尔堡）

· 图(b)地面有高差处，为防止人车发生意外，在其边缘设隔离墩保护。（奥尔堡）

·图(a)人行道边的路障——将金属筐内装满石头，置于人行道边作隔离墩。并兼有坐凳功能。不仅做法简便，而且它象征着一种生态环保的理念和社会的进步。（萨尔茨堡）

·图(b)、图(c)为防止汽车进入店前广场而设的隔离墩，并兼有坐的功能。（伦敦、苏黎世）

·图(d)是一个居高临下的观景台，为防止汽车进入，设置隔离墩与道路隔离开来。（苏黎世）

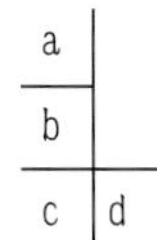

(2) 盆景作车挡

盆景作为车挡，不仅有助于城市的绿化和美化，同时也有助于提升周围环境的品质和品位，如：

· 图(a)将盆景置于休闲场地入口，防止汽车进入。（斯德哥尔摩）

· 图(b)盆景将人行横道与机动车道隔开。（北京）

· 图(c)利用盆景阻挡汽车进入住宅院内。（哥德堡）

· 图(d)盆景将可停车场与不可停车场隔开。（奥尔堡）

a
b
c d

(3) 植物作道路之间的隔离物

在上下车道之间种草、藤、绿篱及高大乔木作为隔离物，或用做道路间的限定等。这些不仅有专职功能，而且由于它们有滞留尘埃、吸附二氧化碳等功效，有助于低碳排放，并且对改善城市生态环境，提升城市的园林绿化品质有积极作用。

· 图(a)分别用绿篱作路障，将上下道分开；将快车道与慢车道分开。（北京）

· 图(b)用草或低矮的植物分隔道路，使视野开阔，一览无余，有利于通行安全，且有道路宽阔感。（奥尔堡）

·图(a)用草和乔木组合分隔道路（今天是哥德堡市半程马拉松比赛，队伍要从这里经过，人们在分隔带上等待观看）。(哥德堡)

·图(b)用绿篱组织交通。（奥尔堡）

·图(d)用绿篱作车挡，告知汽车不可通行。（奥尔堡）

·图(c)用藤组织交通。（奥尔堡）

(4) 其他路障

· 图(a)、图(b)将垃圾桶置于道路中央做路障，阻止汽车通行，又便于行人投放垃圾。

图(a)（苏黎世）

图(b)（华沙）

· 图(c)用雕塑作路障，阻止汽车通行。（奥尔堡 ）

· 图(d)置于银行入口中央的路障。（苏黎世）

· 图(e)有彩灯的路障醒目，尤其晚上。（奥尔堡）

· 图(a)常有大量人流穿过的人行横道处，除了设有过街标志——斑马线之外，还设有栏杆做路障，提醒人们脚步放慢，注意安全。（香港）

· 图(b)用英文字母B、A、R、G、I等做路障，很有新意，引人注意。（巴塞罗那）

· 图(c)可爱的拟人化了的动物、植物站在路障队伍中，你看到它们，就知道这里离动物园不远了。图(c1)、图(c2)为其中之一。（法兰克福）

a	
b	c1
c	c2

·图(a)在场地上，用特别造型的路障为汽车限定了一个行驶路线。此路障不仅具有功能，而且具有雕塑感，环境因此也得到美化。（巴塞罗那）

·图(b1)将步行街宽度的一半设置了一排喷泉作隔离物，示意将步行街内外“分开”。喷泉后面是一室外咖啡座。该喷泉的存在也使得咖啡座不受人流穿越的影响图(b)。（萨尔茨堡）

·图(c)这是安徒生故居欧登塞某街道上的一段路障。它以安徒生童话中的锡人“列队”分隔空间。其具有的内涵与所处环境紧密结合，使人产生联想，引起兴奋，成为人们喜欢的环境小品(图c1)。

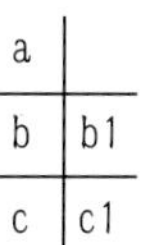

· 图(a)雕塑既是道路栏杆的组成部分，又是环境的装饰品。这种功能兼艺术，艺术兼功能的处理，为环境增添了魅力。（欧登塞）

· 图(b)将电话亭置于道路中央作为路障，告知汽车不可穿行。电话亭色彩红艳，虚实得当，“婷婷玉立”醒目而突出。（维也纳）

· 图(c)具有可坐功能的半圆形路沿石与雕塑小品结合，组成路障，美化了环境——一个很不错的设计作品。（法兰克福）

十二、围墙景观

围墙表示某种用地边界，有时只起着界定的作用，更多的是为了防护，如维护安全，防止人或动物随意进入等。根据材料和形式的不同，围墙也多种多样。由于“围墙量大面广”，所以它是影响城市环境景观的要素之一。尤其沿街围墙，一般希望低矮通透，使街道有种宽阔感。而且内外景观也可互通互借；内外空间也可相互交流。

我们正在向着低碳时代迈进。这里主要介绍一些采用环保的、天然的、生态材料做的围墙，如石头围墙，不仅节约能源，而且还可取得自然的景观效果；植物围墙，它不仅可以增加城市绿化面积，而且为城市增添了生气和活力。

（一）石类围墙

石围墙一般是将大小不同、形状不一的石头，拼拼凑凑的像砌砖墙一样砌起来。或者将铁丝按需要的厚度网成“筐”(像支模板)，然后将石块装入。它施工简单，拆卸方便。石块不拘形状，甚至可用废料。由于石头大小不同，色彩和肌理的差异，集合起来能产生很好的装饰效果和自然美。

· 图(a)将石头一个挨一个地排起来形成围墙。此围墙洒脱而浪漫，但仅起界定作用。(奥尔堡)

· 图(b)在乱石砌筑的老式围墙上用花卉藤蔓装饰，既有岁月留下的魅力，又有新生的活力。（萨尔茨堡）

· 图(c)奥尔堡某住宅石围墙。

a | b c

· 图(a)某公司与路边公共休闲场地之间的石围墙。（马尔默）

· 图(b)住宅建在高坡上。围墙分三级，每级的踢面上用石头挡土。踏面用作绿化。（奥尔堡）

· 图(c)奥尔堡某住宅区的矮石围墙。石间种花点缀，形成一种田园式的自然景观。

· 图(d1)北京奥林匹克森林公园东入口附近的石围墙。

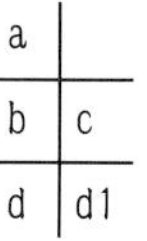

图(d)（北京）

· 本页图(a)～图(d)为巴塞罗那盖尔公园围墙。（高迪设计）

其中：

· 图(a)将乱石稍有规律地组合，创造出一种粗犷“原始的效果”。（巴塞罗那）

· 图(b)在乱石砌筑的围墙上装饰花饰，效果大不相同。

· 图(c1)为围墙背面。

· 图(c)与座位结合的围墙。

（二）植物围墙

围墙尽可能使用绿化来界定。因为使围墙变绿是绿化城市的一部分。“一花独秀不是春，百花盛开春满园”。让所有围墙都绿起来，这样不仅能获得明显的社会效益和经济效益，同时，也获得清洁、美丽的景观环境。欧洲用植物做围墙很普遍，尤其是市中心区以外的围墙。

图(a)～图(d)为高2m以上的植物围墙。其厚度在50cm以上，具有足够的防护能力。如果厚度不够或防护能力较差的，可用木栏杆或金属栏杆并置，形成组合围墙，如图(e)。图(f)为与种植池组合的围墙。

图(a)（奥尔堡）

图(b)（日内瓦）

图(c)（奥尔堡）

图(d)（苏黎世）

图(e)（奥尔堡）

图(f)（奥尔堡）

· 图(a)绿篱与花卉组合的围墙。

· 图(b)三面灌木组成匚形围墙。

· 图(c)低矮的绿篱围墙。

· 图(a)～图(c)为低矮的植物围墙。这种形式的围墙使得空间开阔，更利于环境内外的交流和景物的相互借助，相互补充。同时，也创造了一种愉快、放松、活跃的氛围。（均为奥尔堡实例）

图(e)（维也纳）

· 图(d)奥尔堡某街道植物围墙景观——让所有的围墙都绿起来。

（三）其他围墙

· 图(a)，华沙瓦津基公园铁栅栏围墙。围墙上等距离悬挂着世界各国人最灿烂的“笑”的巨幅照片。经过此地的人，一般在欣赏照片的同时，都会对号入座，寻找“自己”的笑。

· 图(b)用藤镶边将围墙装饰起来。（北京）

· 图(c)奥尔堡某中学校园的砖砌围墙。蓝色的砖配以白色的砖缝，显得很典雅。围墙分段之间有花饰点缀(图c1)。整体效果很好。

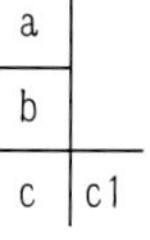

十三、饮水设施造型景观

这里指在街道、广场等处设置的供行人直接引用的自来水设施。这种设施只有出水口，不见控制机关，既是功能小品，又是环境艺术品。欧洲水资源丰富，尤其瑞士（据说它是欧洲的水库），饮水设施随处可见。它们有的与雕塑组合在一起设置，有的本身就是一件雕塑艺术品。尤其出水口的造型十分丰富，一般精巧、别致、惹人喜爱。从出水口流出的水纤细、长长而不间断，有的像一眼喷泉，有的像一股线状瀑布。它们的存在不仅为行人饮水提供了方便，而且点缀、美化了城市环境。当然，如有的水不能饮用，会有图示在旁边表明，而该设施纯粹是一景观小品。

图(a)（斯德哥尔摩）

·图(a)走在路边的小广场上，突然看到一个小巧玲珑、朴素无华的小“柱”，柱头上冒出高高的一缕银丝般的泉水，你会感到十分可爱。它虽不大，但身旁无物，就显得“大”而显眼了。（斯德哥尔摩）

图(b)（苏黎世）

·图(c)一个出水口。（苏黎世）

图(a)（苏黎世）

图(b)（因斯布鲁克）

· 图(a1)为图(a)的出水口近景。

· 图(c1)为图(c)的出水口近景。

图(c)（苏黎世）

· 图(d)设于墙上的饮水设施。（维也纳）

·苏黎世某处的饮水设施。图(a)为其全景。饮水口有三个，图(a1)为其中之一。

图(a1)

·图(b)步行街上的饮水设施，渴了即使没有水杯，也没关系。（海德堡）

·图(c)法兰克福市政广场与雕塑结合的饮水设施全景。

·图(c1)为图(c)的出水口造型。

图(a1)

图(b1)

·图(a)位于苏黎世中心火车站内的一个饮水设施局部。图(a1)为其全景。

·图(b)该饮水设施右边出台，可供人放东西或坐坐休息。图(b1)为其侧面。（苏黎世）

·图(c)饮水设施上半部造型像个提篮。弯曲的“把”处也有三股“线泉”对称布局。既是装饰，也供接水。（维也纳）

图(a)（因斯布鲁克）

·图(a)、图(b)是设于临街墙面上的饮水设施。远观像一幅画，很有装饰性和标志性。

·图(a1)为图(a)的远景。

图(b)（因斯布鲁克）

图(a)（因斯布鲁克）

图(b)（日内瓦）

· 图(c)位于街道中央的饮水设施，成为这条街的标志。（苏黎世）

· 图(d)因斯布鲁克某饮水设施。图(d1)为其局部。

图(d1)

图(a)

图(a1)

· 位于奥胡斯街上的饮水设施。其中图(a)为局部；图(a1)为全景景观。

图(b)

图(b1)

· 图(b)马尔默中心广场上一个与水景结合的饮水设置。从雕塑的体部伸出两个扶手，人抓住扶手可以直接用嘴接水喝，见图(b1)。

·因斯布鲁克某一休闲活动场地的饮水设施。图(a)为全景（图中接水盘边有一圈啤酒“瓶”是两男士所为）。接水盘边上雕刻了一条露出水面要去接水的鱼头，十分生动。

·图(a1)为图(a)的局部近景。

·图(b)某雕塑旁的饮水设施。（苏黎世）

·图(c)某道路交叉口一饮水设施。（苏黎世）

图(b)（哥德堡）

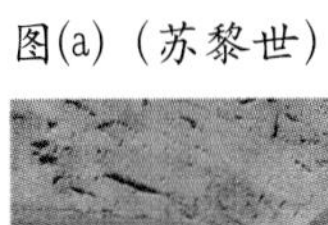

图(a)（苏黎世）

图(c)（苏黎世）

·图(d)某墙上一出水口景观。（美因茨）

图(e)（维也纳）

图(f)（苏黎世）

十四、自行车棚与自行车架

今天，我们已经进入低碳生活的时代。骑自行车出行是提倡、鼓励和支持的交通方式。随着时代的发展，骑自行车出行的人会越来越多。自行车除被用作交通工具之外，在欧洲还被用来锻炼身体。

图(a)

图(a1)

· 图(a)与图(a1)为欧登塞某处的自行车棚，棚下有一排排整齐的存放架，地面装有地灯。

图(b)

图(b1)

· 法兰克福的商店门前，一般设有该店店徽标志的自行车架，供来店购物的人存放自行车用。如从图(b1)可以看到店名和店徽，图(b)为带有该店店徽标志的自行车架。这种处理显得街道规范和有条理。

· 图(a)菲德烈松某一自行车棚。

· 图(b)奥尔堡某商店前的自行车架。

· 图(c)法兰克福步行街上公共存车处的自行车架。

· 图(d)科布伦茨某自行车存放场地——数个木质的П形自行车架错落有致地设置在草坪上，构成一个具有韵律和雕塑美的景观小品。

a	b
c	
d	

十五、铁艺造型景观

这里指为安全而设置的金属围护构件的造型艺术，如建筑的门、窗、围墙及交通的分隔等。金属杆件除了横平竖直之外，还可以制作成各种造型来增加其品位和艺术性。使其不仅具有防护功能，还可以美化环境，成为城市环境景观之一。

图(a)

图(b)

图(c)

图(d)

图(e)

· 图(a)和图(b)窗的护栏做成可开启的(图a中间锁，图b左边锁)，这对楼房来说，如果其机关处理得好（既开启方便，又从外面接触不到），遇到火灾等不测情况，这是一个逃生或救援的窗口。

图(a)（奥尔堡）

图(b)（奥尔堡）

图(c)（维也纳）

图(d)（维也纳）

图(e)（奥尔堡）

图(f)（维也纳）

图(a)（巴塞罗那）

·图(a)为巴塞罗那历史街区一栋老建筑的铁艺门。这所老建筑现在是一家仓库。铁艺门的造型和色彩古朴而美观，与环境很和谐。

·图(d)利用空与实、直与曲、竖与横的不同组合、产生了一种美的效果。

图(b)（萨尔茨堡）

图(c)（维也纳）

·图(d)一入口大门上的铁艺装饰。（爱丁堡）

图(e)（美因茨）

图(a)

图(b)

·图(a)、图(b)为奥斯陆雕塑公园中的铁艺装饰门。该公园的雕塑作品是挪威著名雕塑家维尔兰以描述人体百态为题材的杰作。装饰门有4个，分别置于公园中心制高点的四面。其花饰各不相同，但均以人体骨骼、肌肉轮廓为花饰，与公园的雕塑题材相呼应，很自然地融入环境之中。但在材质和表现手法上又与之有较大的差异，并具有较强的艺术感染力。

该门虽不是街道景观，但铁艺的花饰和表现手法很容易使人与中国的剪纸联系起来，而受启发。

·图(c)两个灯柱，中间用铁艺花饰连接，组成一个影壁。铁艺花饰以年轻人运动姿态的轮廓为内容，轻巧、通透，像幅壁画。既用以分隔街道空间，又不阻挡视线。（温莎）

十六、木门与把手

这里介绍的是直接面对街道的住宅式木门，门一般不大，像我们的户门，但大多很精致、耐看，造型也十分丰富、美观，非常吸引人们的视线，也是城市景观的一个亮点。

（一）木门造型

图(a)（奥尔堡）

图(b)（美因茨）

图(c)（奥尔堡）

图(d)（哥本哈根）

图(e)（奥尔堡）

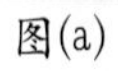
图(a)

图(b)

图(c)

图(d)

图(e)

图(f)

图(g)

图(h)

· 图(a)、图(b)、图(c)、图(e) 为美因茨的一些木门。

· 图(d)为哥本哈根的一家木门。

· 图(f)、图(g)为奥尔堡的某家木门。

· 图(h)为巴黎某家木门。

（二）非常门把手

· 图(a)R形门把手。（奥尔堡）

· 图(b)皮带形门把手。（马尔默）

· 图(c)超长铜门把手。（奥尔堡）

· 图(d)弧线形门把手。（奥尔堡）

· 图(e)弓形单扇门把手。（哥德堡）

· 图(f)双弓双扇门把手。（哥德堡）

·图(a)这是室外两扇向里推的门把手。球面形，像凸面镜，利于手掌推门。其造型与功能结合，不用文字帮助即可明白。(哥德堡)

·图(a1)这是图(a)室内一面的把手——向里拉。(哥德堡)

·图(b)单扇向里推的门把手，形似蚌壳。(哥德堡)

·图(c)两扇向里推的长方形门把手，其上雕有该店标志。(奥尔堡)

·图(d)拐棍式门把手。(马尔默)

·图(e)花样门把手。(萨尔茨堡)

·图(a)S形门把手。（奥尔堡）

·图(b)曲线形单扇门把手。（巴塞罗那）

·图(c)厂字形门把手。（巴塞罗那）

·图(d)象牙形门把手。（北京）

·图(e)两头有造型的单扇门把手——两头被拟人化了的铜狮咬着。（奥尔堡）

·图(f)M形两扇门把手。（奥尔堡）

主要参考文献

1.王中主编.奥运文化与公共艺术.武汉：湖北美术出版社，2009.

2.夏云，夏葵，施燕编著.生态与可持续建筑.北京：中国建筑工业出版社，2001.

3.(美)理查德·瑞杰斯特著.生态城市伯克利：为一个健康的未来建设城市.沈清基，沈贻译.北京：中国建筑工业出版社，2005.

4.西安建筑科技大学，华南理工大学,重庆大学，清华大学编著.西安建筑科技大学刘加平主编.建筑物理.第四版.北京：中国建筑工业出版社，2009.

5.华中科技大学陈锦富编著.城市规划概论.北京：中国建筑工业出版社，2006.

6.同济大学李铮生主编.城市园林绿地规划与设计.第二版.北京：中国建筑工业出版社，2006.

7.施淑文编著.建筑环境色彩设计.北京：中国建筑工业出版社，1991.

8.王国恩编著.城乡规划管理与法规.第二版.北京：中国建筑工业出版社，2009.

9.高辉，陈衍庆主编，邹越副主编.建筑新技术4.北京：中国建筑工业出版社，2008.